만화로 쉽게 배우는 상대성 이론

저자 / 야마모토 마사후미(山本 將史)

日本 옴사·성안당 공동 출간

만화로 쉽게 배우는 **상대성 이론**

Original Japanese edition
Manga de Wakaru Soutaisei Riron
By Hideo Nitta, Masafumi Yamamoto and TREND-PRO
Copyright © 2009 by Hideo Nitta, Masafumi Yamamoto and TREND·PRO
Published by Ohmsha, Ltd.
This Korean Language edition co-published by Ohmsha, Ltd. and
Sung An Dang, Inc.
Copyright © 2009~2019
All rights reserved.

머리말

상대성 이론의 세계에 오신 것을 환영합니다!!
여러분은 상대성 이론이라 하면 어떤 것이 떠오릅니까?
시간의 진행 속도가 지연되거나 물체의 길이가 짧아진다는 식으로 일상 생활 속에서는 믿을 수 없을 것 같은 현상을 예언하는 상대성 이론은 불가사의한 마법처럼 보일 수 있을 것입니다.
그러나 상대성 이론은 양자역학(量子力學)과 함께 현대 물리학을 성립시킨 대단히 중요한 개념으로서 물리적인 세계를 이해하는 데 없어서는 안 되는 개념입니다.

뉴턴 이후 운동 속도가 빛의 속도에 비해 대단히 작은 경우, 운동을 생각할 때의 기준, 즉 공간과 시간은 각각 독립되고 영원 불멸한 절대적인 것이라고 생각하는 데 아무 문제도 없었습니다.
그러나 19세기 말에 빛의 속도 측정의 정밀도가 높아지고 전자기학(電磁氣學)의 진보에 의해 빛의 속도가 항상 일정하다는 것을 알게 되자 지금까지 절대적이라고 생각해 온 공간이나 시간을 다르게 생각하게 되었습니다.

바로 그때 아인슈타인이 등장했습니다.
아인슈타인은 공간이나 시간이 절대적이란 개념을 버리고 빛의 속도가 일정한 것과 같이 공간과 시간이 함께 변화한다고 생각했습니다.
이것은 지동설과 천동설의 논쟁과도 비슷합니다. 즉, 지상에서 보통 생활하고 있는 인간이라면 하늘이 돌고 있다는 말을 더 믿을 수 있습니다. 이것은 운동 속도가 빛의 속도에 비해 대단히 작은 경우에 해당합니다. 그러나 일단 우주로 나가면 지구가 움직이고 있는 것이 한눈에 드러납니다. 이것은 운동 속도가 빛의 속도에 가까운 경우에 해당합니다.

머리말

이와 같이 상대성 이론은 우리가 살고 있는 시간과 공간에 대한 생각을 이전보다 정확하게 이해하게 해 주었습니다. 즉, 시간과 공간이 이렇게 있어야 한다거나 그렇지 않다거나 시간과 공간은 어떻게 되어 있는 것인가 하는 것을 탐구한 결과가 상대성 이론(相對性理論)입니다. 조금 어려운 머리말이 되어 버렸지만 만화의 세계에서 미나기(皆木) 군과 우라가(浦賀) 선생님과 함께 이 상대성 이론의 불가사의를 즐겨 주시면 감사하겠습니다.

끝으로 옴사 개발국의 모든 분과 시나리오 짜느라 수고하신 레아키노(re_akino) 님, 정말 재미있는 만화로 만들어 주신 다카쓰 게이타 님께 깊이 감사합니다.

그럼 상대성 이론의 세계로 뛰어들어 봅시다.

Yamamoto Masafumi(山本 將史)

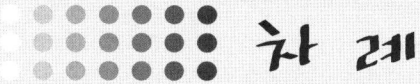

프롤로그		
	말도 안 되는 종업식	9

제1장		
	상대성 이론이란 어떤 거지?	17
	1. 상대성 이론이란?	22
	2. 갈릴레이의 상대성 원리와 뉴턴 역학	25
	3. 광속도의 수수께끼	31
	4. 뉴턴의 역학을 버린 아인슈타인	42
	보충 학습	48
	빛이란?	48
	매일 검증되는 '광속도 일정의 원리'(SPring-8)	51
	동시가 동시가 아니다?! (동시성의 불일치)	52
	갈릴레이의 상대성 원리와 갈릴레이 변환	55
	갈릴레이의 상대성 원리와 아인슈타인의 특수 상대성 원리의 차이점	56
	★**칼럼**★ 속도의 덧셈은 어떻게 될까?	57

차례

제2장

시간이 느려지다니 어떻게 된 거야?   59

1. 우라시마 효과   62
2. 왜 시간이 느려지나요?   64
3. 시간이 느려지는 것도 서로 마찬가지   72
4. 시간이 느려지는 걸 식으로 본다   81

보충 학습   86
시간이 느려지는 식을 피타고라스의 정리를 사용하여 증명한다   86
★칼럼★ 시간은 어느 정도 느려질까?   89

제3장

빨리 운동하면 짧아지고 무거워진다?   91

1. 빠르게 운동하면 길이가 줄어든다?   94
2. 빠르게 운동하면 무거워진다?   100

보충 학습   114
길이가 줄어드는 것을 식으로 나타낸다(로렌츠 수축)   114
수명이 늘어나는 뮤온(muon)   116
운동하고 있을 때의 질량   117
에너지와 질량의 관계   120
빛은 무질량?   121

제4장

일반 상대성 이론이란 어떤 거지? 123

1. 등가 원리 128
2. 중력에 의해 휘는 빛 141
3. 중력에 의해 느려지는 시간 151
4. 상대성 이론과 우주 157
보충 학습 166
일반 상대성 이론에서 시간이 느려짐 166
일반 상대성 이론에서 중력의 정체 171
일반 상대성 이론에서 유도할 수 있는 현상 171
GPS와 상대성 이론 174

에필로그 175
찾아보기 182

프롤로그
말도 안 되는 종업식

제1장
상대성 이론이란 어떤 거지?

내 전문 분야이기도 하고, 널 이용해서 간접적으로 교장의 코를 납작하게 해 줄 수 있기도 하고 말이지.

···자기 손을 더럽히고 싶지 않은 거네요.

거기다 '학생 지도에 열심인 우라가 선생님'이라는 평가가 많아진다면 나중에 차기 교장으로··· 크크큭···

아무튼 우라가 선생님을 위해서네요.

자, 빨리 시작하자고! 우선은 상대성 이론이 어떤 것인지를 이야기해 줄 테니까♪

파하핫

···네···

제1장 상대성 이론이란 어떤 거지?

1. 상대성 이론이란?

상대성 이론에는 두 종류가 있어. 하나는 '**특수 상대성 이론**'이고 또 하나는 '**일반 상대성 이론**'이라 하는데…

일반 상대성 이론은 특수 상대성 이론을 발전시킨 거야.

보통은 일반이 먼저고 다음에 특수가 나올 거 같은데요…

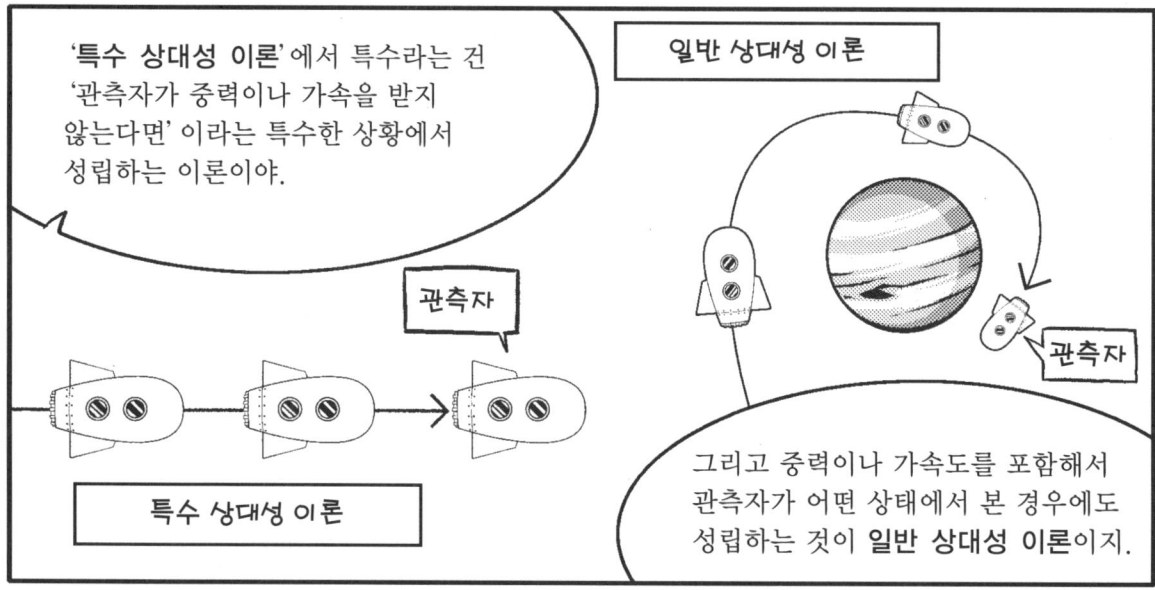

'특수 상대성 이론'에서 특수라는 건 '관측자가 중력이나 가속을 받지 않는다면' 이라는 특수한 상황에서 성립하는 이론이야.

관측자

특수 상대성 이론

일반 상대성 이론

관측자

그리고 중력이나 가속도를 포함해서 관측자가 어떤 상태에서 본 경우에도 성립하는 것이 **일반 상대성 이론**이지.

중력이나 가속도를 생각하지 않는 게 간단한 건가요?

뭐, 그런 거지.

2. 갈릴레이의 상대성 원리와 뉴턴 역학

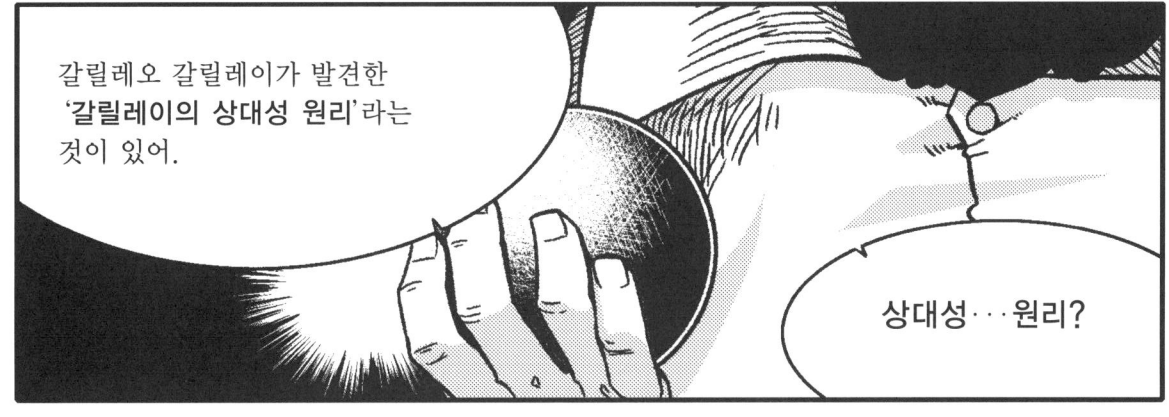

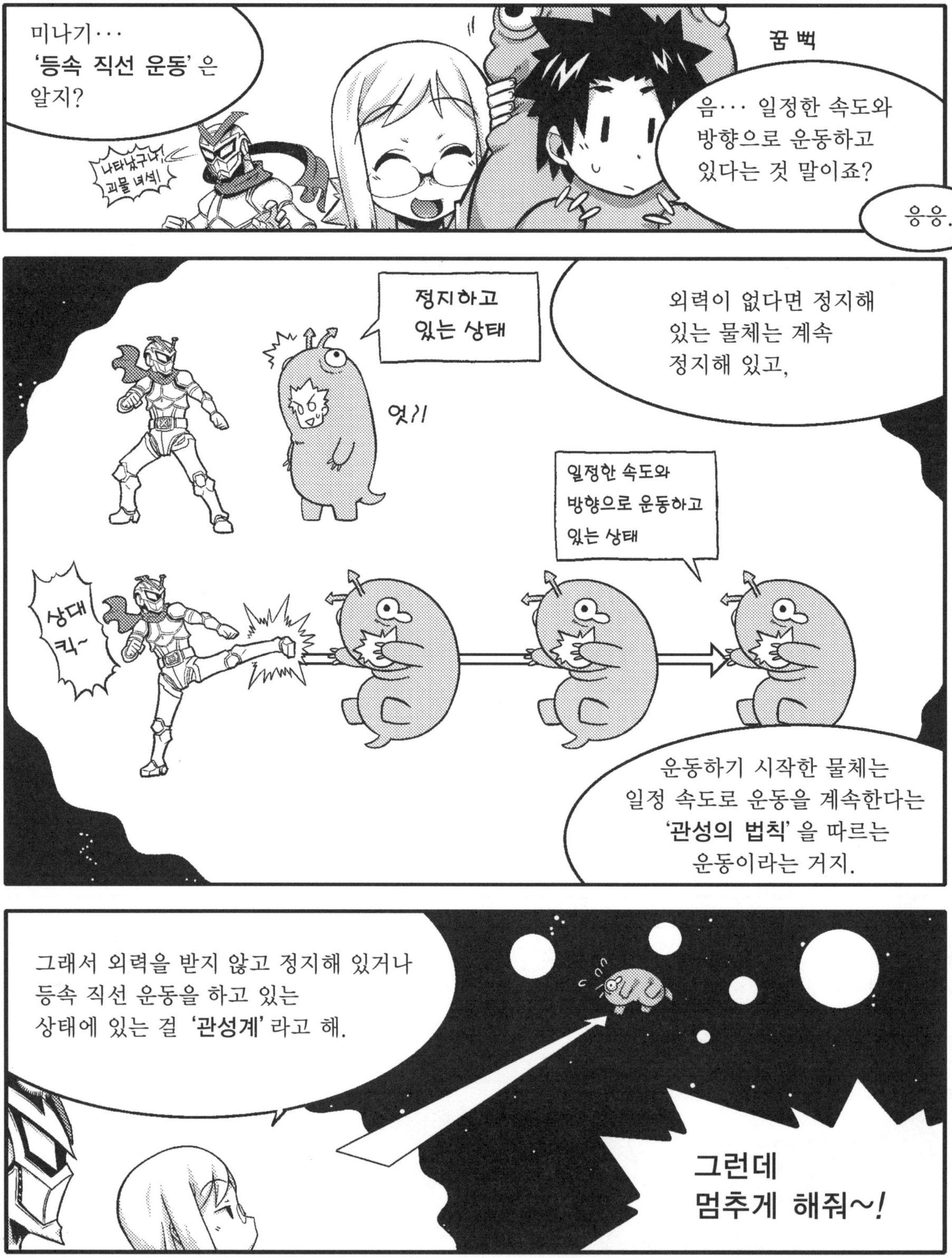

3. 광속도의 수수께끼

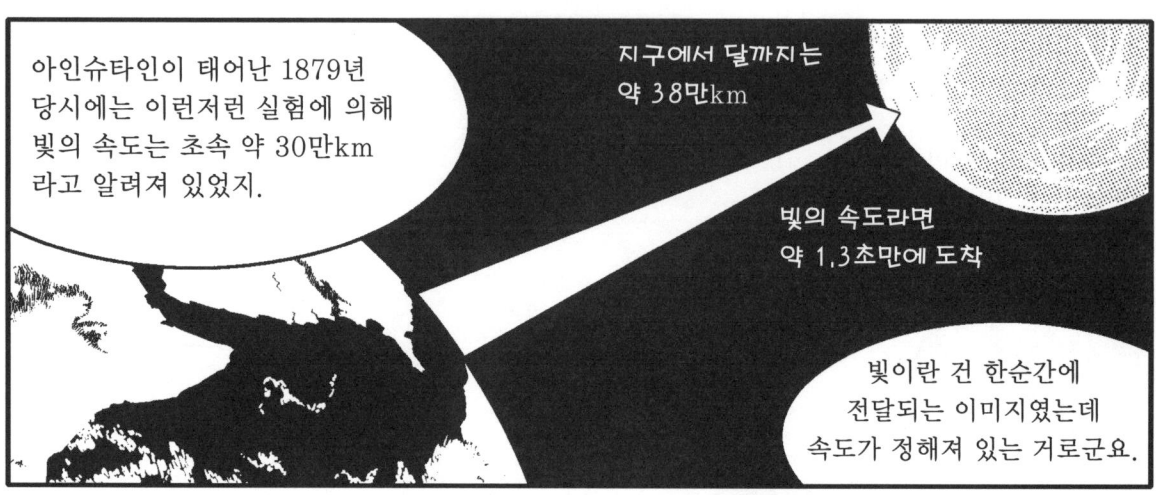

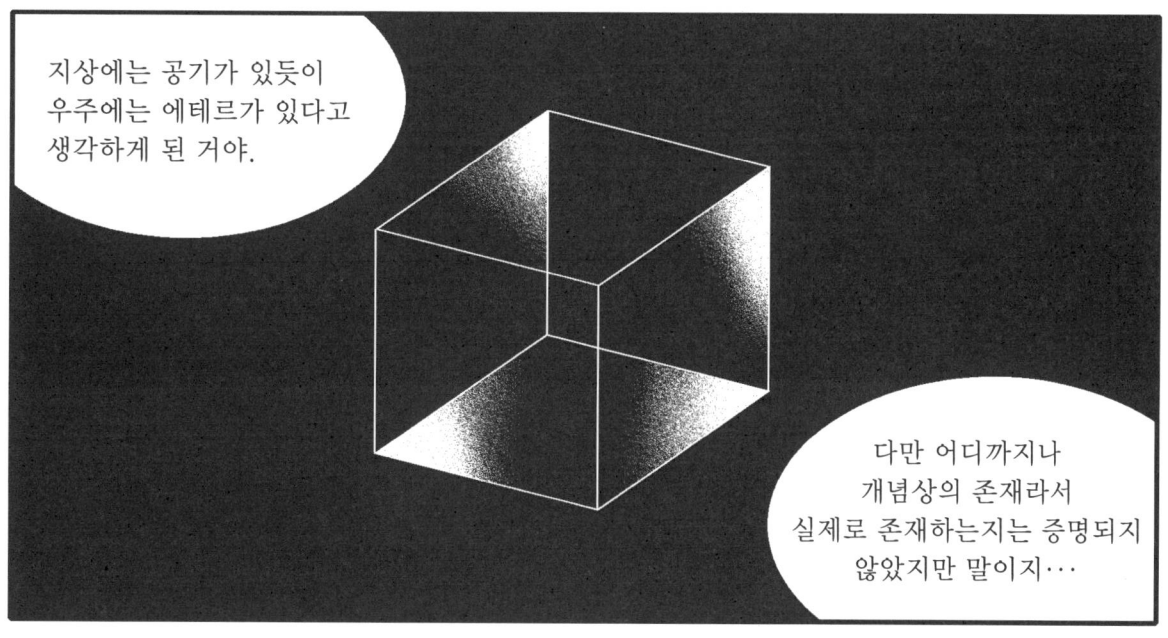

그렇지. 반대로 말하면 에테르가 정지해 있는 걸로 보이는 좌표를 정해서 절대 정지 공간으로 정했다는 거야.

에테르는 뭔가 신기하네요.

우주를 억지로 수조에 비유해 보면 보이지도 움직이지도 저항하지도 않는 '에테르'라는 물이 가득 차 있어서

수조의 가장자리가 움직이지 않는 좌표가 되는 거야.

그 수조 안에서 별들이 움직이고 있다는 느낌이랄까.

제1장 상대성 이론이란 어떤 거지? **37**

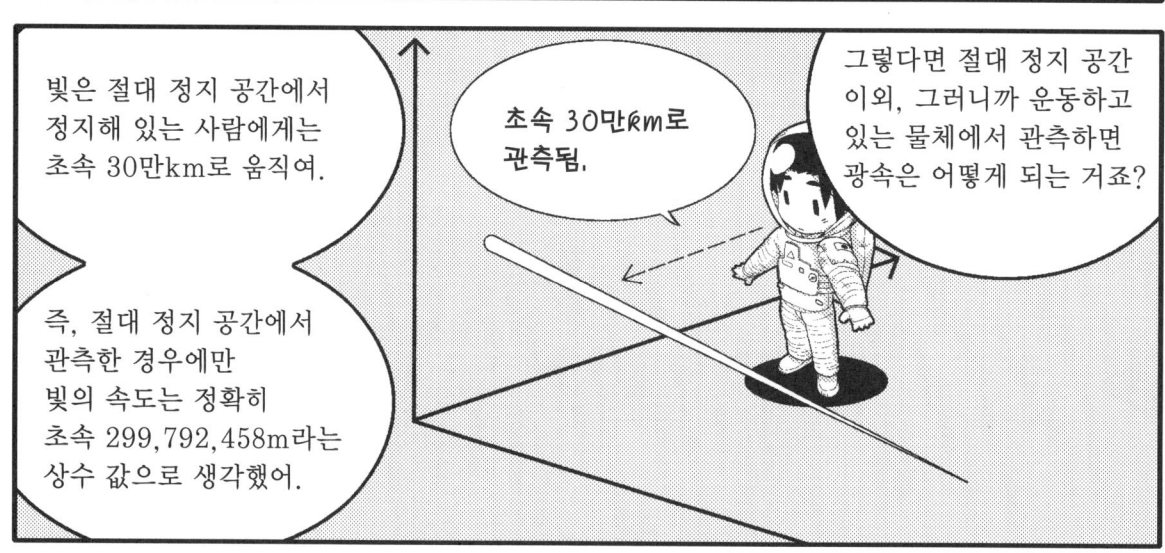

지동설에서 알 수 있듯이 지구는 절대 정지 공간에서 정지해 있지 않아. 즉, 에테르에 대해 지구는 움직이고 있어.

그렇다는 건 지구에서 잰 빛의 속도는 변화하지 않겠느냐는 이야기야.

예를 들어, 바람이 불지 않아도 자전거를 타고 달리면 바람이 느껴지지?

마찬가지로 에테르에 대해 움직이고 있는 지구도 '에테르 바람'을 맞고 있다는 개념인 거지.

오호라!

그래서 지구가 에테르 바람을 맞고 있다면

그 영향으로 "지구상에서의 빛의 속도도 초속 30만km에서 벗어나지 않을까"라고 생각하게 됐다는 거지.

4. 뉴턴의 역학을 버린 아인슈타인

거기서 그 유명한 아인슈타인이 등장!

오오! 드디어!

아인슈타인은 광속도 일정이라는 실험 결과를 원리로 도입했어.

즉, 갈릴레이의 상대성 이론에 바탕을 둔 뉴턴 역학의 사고방식을 버리고,

누가 봐도 광속도는 일정하다는 것을 전제로 삼았단 말이야.

발상의 전환이네요!

거기다, 관성계에 관해서 빛을 포함한 모든 물리 법칙이 마찬가지로 성립한다는, 갈릴레이의 상대성 원리에 대신할 새로운 상대성 원리를 가정했지.

이것이 아인슈타인의 **'특수 상대성 이론'** 이야!

즉, 빛만 특별 취급하지 않았다는 거예요?

그런 거지.

우주도 지구도 항상 운동하고 있는 거니까 우주에서 완전히 정지해 있는 장소는 정할 수 없어.

또, 그걸 생각할 필요도 없다는 이야기지.

지구는 돌고 있다.

지구를 포함하고 있는 태양계도 움직이고 있다.

그 태양계를 포함한 은하계도 움직이고 있다.

또한 그 은하계를 포함하고 있는···

광속은 절대 정지 공간에서 관측한 것뿐만 아니라 누가 관측해도 초속 30만km 라고 한 거군요.

제1장 상대성 이론이란 어떤 거지?

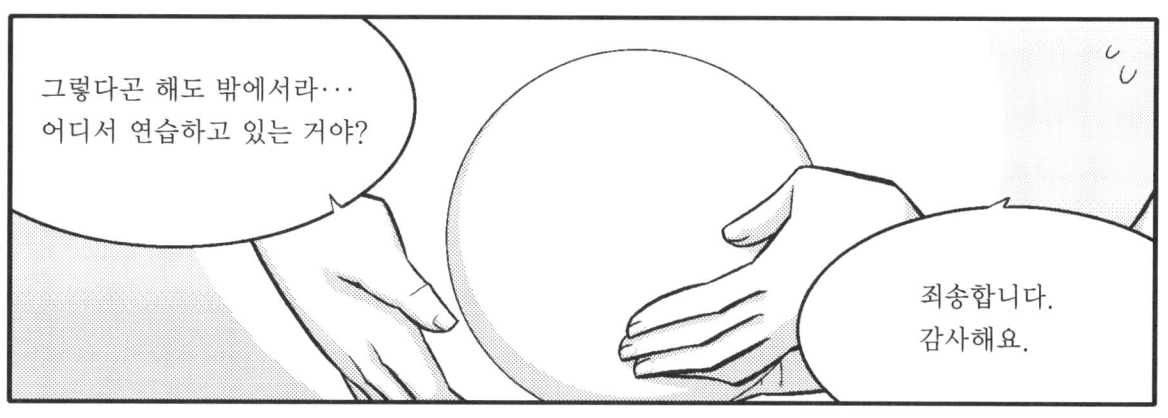

보충 학습

【빛이란?】

맥스웰 방정식에서 빛이 전자파(電磁波)의 일종이라는 사실을 알았는데, 그 이외에도 빛은 다양한 성질과 특징이 있습니다. 빛은 전자파라는 파(波)이며, 빛의 색은 파의 파장(또는 파장의 역수인 진동수)으로 결정됩니다. 빨강은 파장이 길고(약 630nm, nm=10^9m), 반대로 파랑은 파장이 짧습니다(약 400nm).

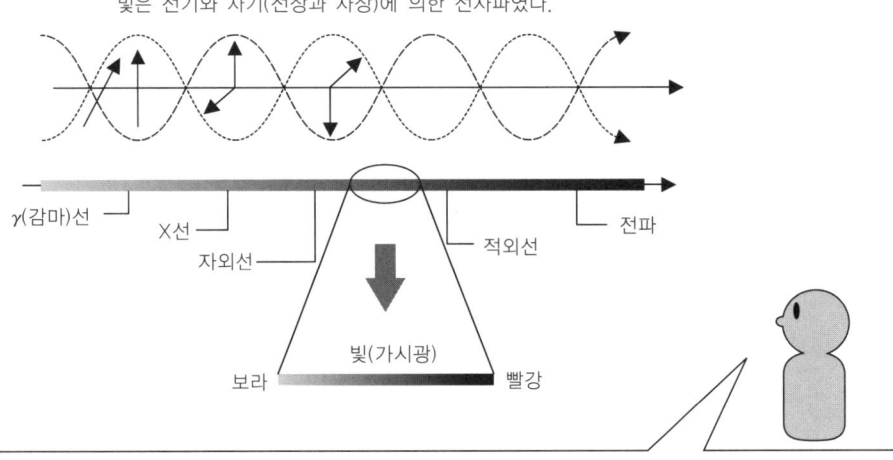

〈그림 1.1〉 빛은 전자파

빛은 우리의 주변에서 흔히 볼 수 있는 존재이지만 그 정체는 현대 물리학을 대표하는 '상대성 이론'과 '양자론'의 양쪽에 깊은 관계가 있습니다.

하지만, 그 전에 이전부터 알려져 있는 빛의 성질을 소개합니다.

먼저, 예부터 빛의 성질로 거울이나 수면에서의 반사는 널리 알려져 있었습니다. 예를 들어, 목욕 중에 발이 떠 있는 것처럼 보이는 굴절도 널리 알려져 있죠. 그 빛이 굴절하는 경우 빛의 파장에 의해 굴절각이 서로 다른 '분산'이라는 성질이 있습니다.

이 분산이라는 성질 때문에 무지개의 일곱 가지 색이 나타납니다. 또한 빛의 반사, 굴절, 분산이라는 성질을 잘 이용하여 만들어진 것이 정밀한 카메라 렌즈 등입니다.

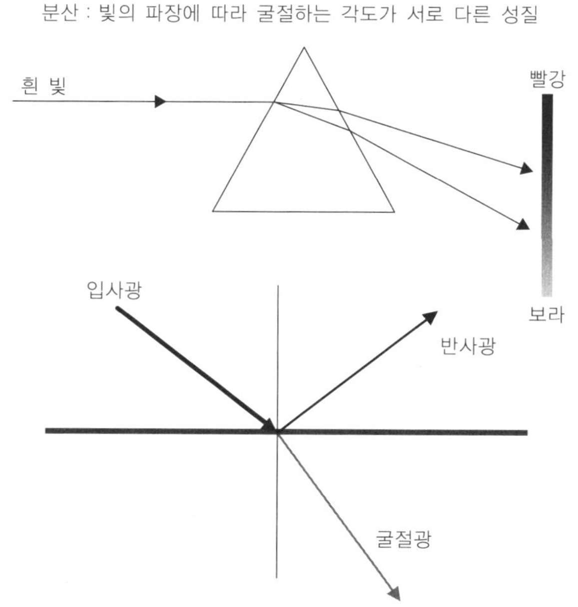

분산 : 빛의 파장에 따라 굴절하는 각도가 서로 다른 성질

〈그림 1.2〉 분산, 반사, 굴절

다음으로, 빛이 파인 성질로부터 빛의 '간섭'과 '회절'이라는 현상이 나타납니다. '간섭'이란 빛의 파에서 진폭의 산과 골의 관계로부터 강해지거나 약해지는 현상입니다.

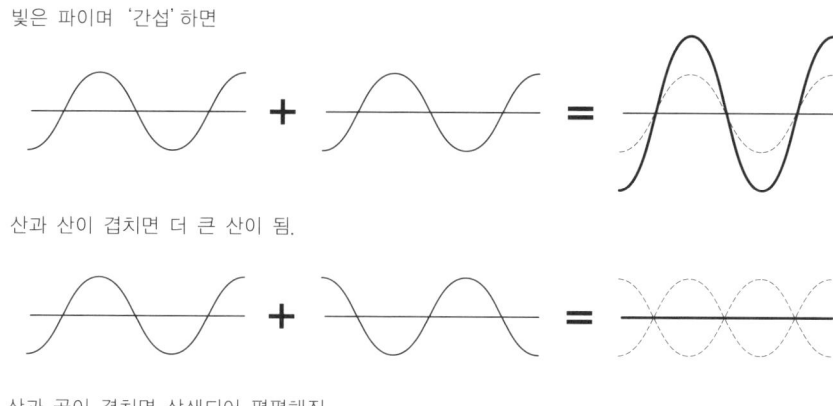

빛은 파이며 '간섭'하면

산과 산이 겹치면 더 큰 산이 됨.

산과 골이 겹치면 상쇄되어 평평해짐.

〈그림 1.3〉 간섭

한편, '회절'이란 빛이 파장만큼 작은 폭의 슬릿이나 구멍을 통과할 때 그 구멍(터진 부분)을 돌아 들어와서 빛이 퍼지는 현상입니다. 반대로 회절은 빛을 렌즈 등으로 집광할 때 무한히 작아질 수 없는 원인이기도 합니다.

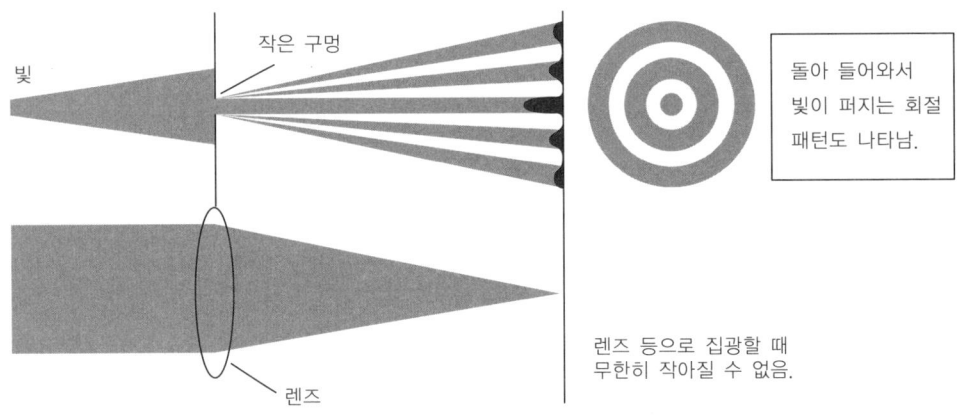

〈그림 1.4〉 회절

그리고 하나 더, 빛이 파 안에서도 진행 방향과 수직으로 진동하는 파, 즉 '횡파'인 것부터 '편광'이라는 성질을 가지고 있습니다.

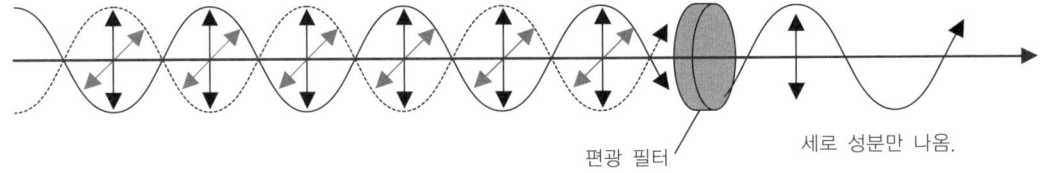

〈그림 1.5〉 편광

또 한 가지 더, '산란'이라는 성질도 있습니다. 산란이란 빛이 공기 중의 먼지 등에 부딪쳐 빛의 진행 방향이 바뀌는 현상입니다. 태양에서 오는 빛 중에도 파장이 짧은 파랑이, 파장이 긴 빨강 빛보다 강하게 산란되기 때문에 하늘 전체가 파랗게 보이는 것입니다.

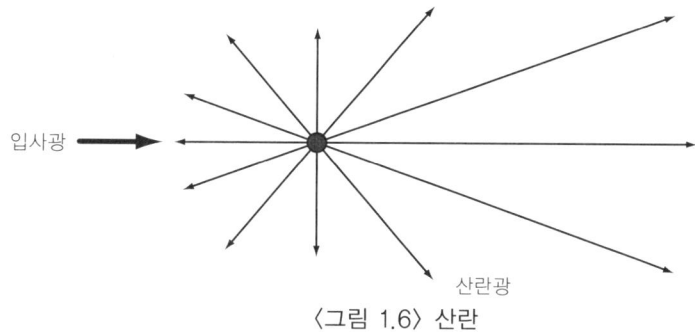

〈그림 1.6〉 산란

빛이란 주변에 가득 차 있는 흔히 볼 수 있는 존재이지만 다양한 장면에서 활약하고 있습니다.

【매일 검증되는 '광속도 일정의 원리'(SPring-8)】

상대성 이론의 두 가지 전제 중 하나인 '광속도 일정의 원리'가 정말 성립되는지의 여부에 대해서는 다양한 검증이 이루어지고 있습니다. 그리고 그 중 하나로 광속도에 가까운 속도로 나아가는 전자로부터 방사되는 빛의 속도를 측정하는 방법이 있습니다. SPring-8이란 효고(兵庫)현에 있는 방사광 시설(빛을 만들어 내는 공장 : 포톤 팩토리)입니다. 방사광 시설이란 전자를 광속도 가까이(광속도의 99.9999998%)까지 가속하여 대단히 강력한 빛을 만들어 내는 장치입니다. 이 공장에서는 매일 광속도에 가까운 전자가 빛을 방사하고 있지만 방사된 빛의 속도는 광속도의 1.999999998배가 아니라 확실히 광속도인 것입니다.

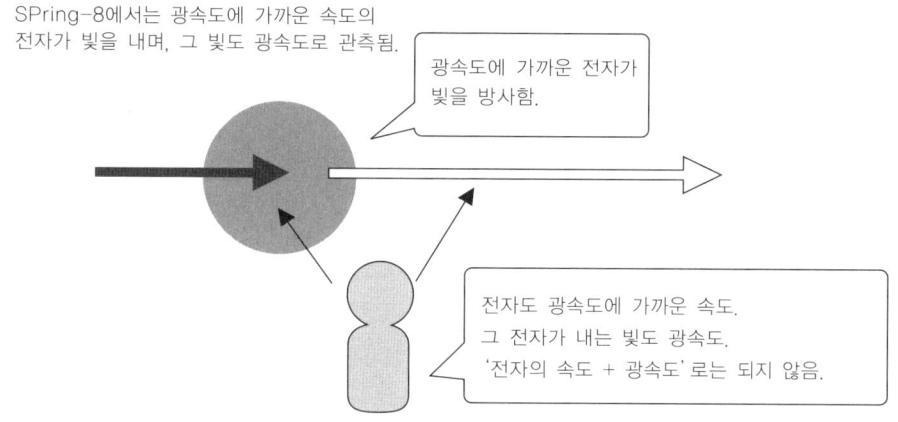

〈그림 1.7〉 SPring-8에서의 광속도 일정의 검증

【동시가 동시가 아니다?!(동시성의 불일치)】

'광속도 일정의 원리'를 생각하면 다양한 현상이 불가사의하게 보입니다. 그 중 하나로 한 사람의 동시가 다른 사람의 동시와 같지 않다는 '동시성의 불일치'라는 현상이 있습니다. "무슨 말인가?" 하는 소리가 들리는 듯하군요. 그럼 '동시'라는 것을 다시 한 번 생각해 보겠습니다.

그래서 이 불가사의한 현상을 보기 위해 '뉴턴적 속도의 덧셈(예부터 내려온 비상대성 이론적 덧셈)'의 경우와 '광속도 일정(속도가 상대성 이론적 덧셈)'의 경우를 비교합니다.

우주 정거장에서 관찰하여 일정한 속도로 날고 있는 로켓에 타고 있는 A군과 그 A군을 멈춰 있는 우주 정거장에서 관찰하는 B군을 생각합니다.

A군은 로켓의 중앙에 있다고 하겠습니다. 로켓의 선수와 선미에 센서를 둡니다. A군이 선수와 선미를 향해 공을 던지거나 빛을 쏩니다. 그 공 또는 빛이 로켓의 선수와 선미의 센서에 어떻게 들어가는지 관찰합니다.

■ '뉴턴적 속도의 덧셈'(예부터 내려온 비상대성 이론적 덧셈)의 경우

먼저 속도가 보통으로 덧셈되는 경우를 관찰합니다. 즉, 상대성 이론을 생각하기 전의 뉴턴적으로 속도가 더해지는 경우를 공의 움직임에서 생각합니다.

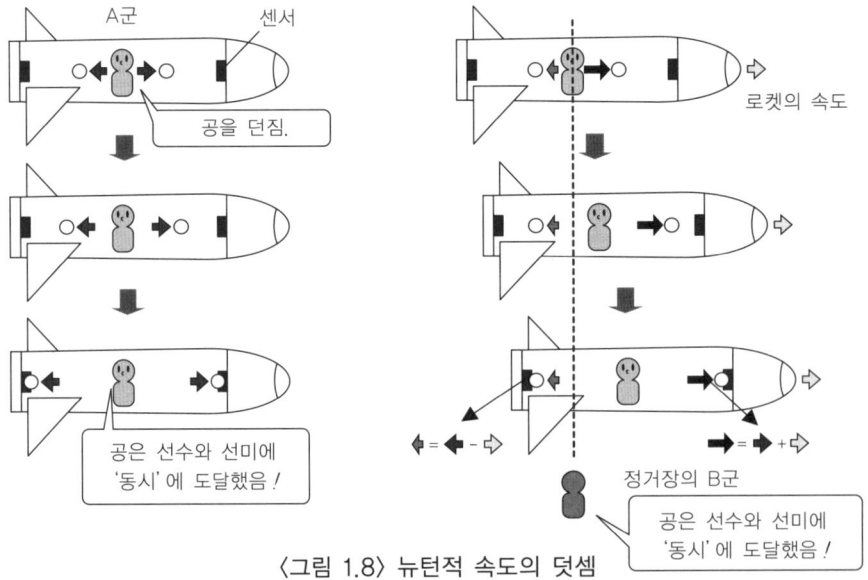

〈그림 1.8〉 뉴턴적 속도의 덧셈

〈그림 1.8〉과 같이 먼저 A군에 대해 관찰합니다.

A군으로서는 로켓은 움직이지 않으므로 공은 중앙에서 같은 속도로 선수와 선미의 센서를 향하며 '동시'에 공은 센서에 도착합니다.

다음으로 정거장의 B군이 관찰하면 로켓은 진행 방향으로 조금씩 나아갑니다. 즉, 공이 나온 점(점선)을 기준으로 하면 선수(船首)는 점점 전방으로 나아가고(멀어짐) 선미(船尾)는 점점 점선에 가까워집니다. 그러나 공의 속도는 보통의 덧셈에서 전방에는 로켓의 속도가 더해져 속도가 커지며 멀어져 가는 선수에 따라붙습니다(〈그림 1.9〉 참조). 한편 선미를 향하는 공의 속도는 로켓의 속도만큼만 감속되고(그림에서는 짧은 화살표로 나타나 있음) 추적하는 선미에 늦게 도달합니다. 이것에 의해 B군에게도 공은 '동시'에 선수와 선미에 도달하였다고 관찰됩니다.

예부터 내려온 비상대성 이론적 덧셈의 경우 공은 로켓과 함께 운동하고 있으므로 선수 방향으로는 새로운 공의 속도가 (로켓의 속도 + 원래 공의 속도), 선미 방향으로는 새로운 공의 속도가 (로켓의 속도 − 원래 공의 속도)이므로 '동시'에 도달합니다(화살표의 길이로 공 속도의 차를 나타냈음).

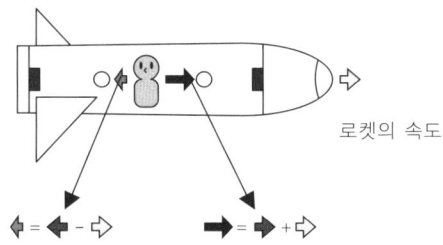

〈그림 1.9〉 예부터 내려온 비상대성 이론적 덧셈

제1장 상대성 이론이란 어떤 거지?

■ '광속도 일정의 원리'(속도가 상대성 이론적 덧셈)의 경우

이번에는 '광속도가 일정'인 경우를 생각합니다.

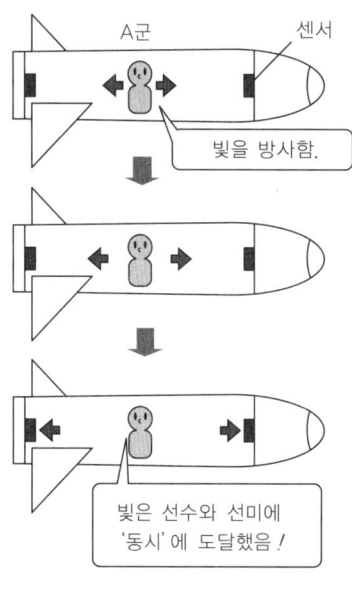
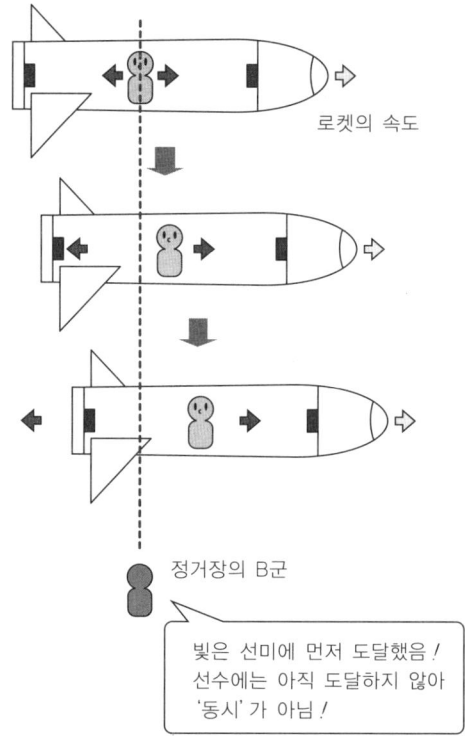

〈그림 1.10〉 '광속도 일정의 원리'(속도가 상대성 이론적 덧셈)의 경우

이미 알아차렸는지 모르겠지만 B군의 관찰 결과가 바뀝니다.

A군의 경우 광속도 일정의 경우에도 빛은 선수와 선미에 '동시'에 도달합니다.

그러나 B군이 관찰하면 광속도는 일정하므로 선수를 향한 빛은 선수가 멀어져 가는 만큼을 추적하므로 잘 도달할 수 없습니다. 또한 선미를 향한 빛은 선미가 추적해 오므로 선수에 비해 먼저 선미에 도달합니다.

그렇습니다. B군이 관찰하면 빛은 선수와 선미에 '동시'에는 도달하지 않습니다.

이와 같이 관찰하는 사람의 입장에 따라 '동시'라는 현상이 서로 다릅니다. 이 사실을 '동시성의 불일치'라 합니다.

【갈릴레이의 상대성 원리와 갈릴레이 변환】

갈릴레이의 상대성 원리란 "관찰하는 좌표계가 정지해 있는지, 아니면 일정한 속도로 운동하고 있는지와 상관없이 물리 법칙은 같다."는 것입니다. 이 갈릴레이의 시대에는 물리 법칙이란 운동, 즉 뉴턴의 역학으로 치면 "관찰하는 좌표계가 정지해 있는지 아니면 일정한 속도로 운동하고 있는지에 상관없이 운동은 같다."라고 말하게 됩니다. 이것은 당시 배의 돛대에서 철구의 낙하 실험을 한 결과로부터 도출됩니다. 즉, 배가 움직이거나 움직이지 않거나 돛대에서 떨어진 철구는 돛대 바로 아래로 떨어진다는 사실로부터 확인할 수 있습니다.

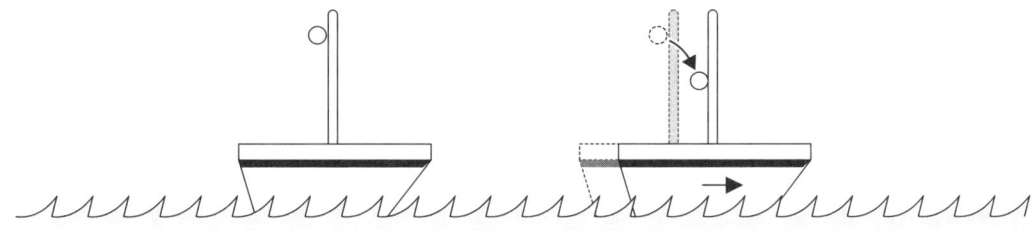

실제로는 배의 움직임과 함께 공도 이동하므로 바로 아래에 떨어짐.

〈그림 1.11〉 갈릴레이의 상대성 원리

그래서 갈릴레오는 이 상대성 원리가 성립하는 좌표계끼리는 어떤 관계가 있는지를 생각하고 아래와 같은 좌표계 간의 관계를 발견했습니다. 이것을 '갈릴레이 변환'이라 합니다. 여기서 대시(′)가 붙은 쪽이 운동 좌표계에서 관찰한 좌표인 것으로 합니다.

$$x' = x - vt \qquad t' = t$$

정지 좌표계에 대해 일정 속도 v로 운동하고 있는 좌표계와 정지 좌표계 사이의 좌표계 간 관계가 위 식입니다.

그런데 이렇게 관성계끼리는 갈릴레이 변환에서 서로 묶여 있지만 뉴턴의 운동 방정식과 비교하면 갈릴레이 변환에서 묶여지는 관성계끼리는 뉴턴의 운동 방정식이 같은 모양이 된다는 것을 증명할 수 있습니다. 즉, 갈릴레이의 상대성 원리가 성립하는 경우에는 뉴턴 역학이 성립하는 상황입니다.

【갈릴레이의 상대성 원리와 아인슈타인의 특수 상대성 원리의 차이점】

갈릴레이의 상대성 원리는 앞의 설명과 같이 갈릴레이 변환과 결부된 뉴턴 역학이 성립한다는 것을 보여 주고 있습니다. 그런데 뒤에서 나온 전자기학의 맥스웰 방정식은 갈릴레이 변환을 수행하면 방정식의 모양이 달라져 버려 물리학자는 혼란에 빠져 버립니다. 그래서 아인슈타인은 뉴턴 역학이 성립하는 갈릴레이 변환이 아니라 전자기학의 맥스웰 방정식도 성립하는 새로운 변환(로렌츠 변환)이 상대성 원리를 성립시키기 위해 필요하다고 생각한 것입니다.

로렌츠 변환이란 아래의 식과 같습니다. 조금 전의 갈릴레이 변환과 마찬가지로 대시(′)가 붙은 쪽이 운동 좌표계에서 관찰한 좌표입니다. 즉, 정지 좌표계에 대해 속도 v로 운동하고 있는 좌표계와 정지 좌표계 간의 좌표 간 관계입니다. 여기에 광속 c가 들어옵니다. 그리고 한 가지 더 중요한 사실은 시간 t도 길이와 유사한 형태로 변환된다는 것입니다. 시간은 단독으로 존재하지 않고 공간과 함께 생각해야 하는 것입니다.

$$x' = \frac{x - vt}{\sqrt{1 - \left(\frac{v}{c}\right)^2}}$$

$$t' = \frac{t - \frac{v}{c^2}x}{\sqrt{1 - \left(\frac{v}{c}\right)^2}}$$

★칼럼★

속도의 덧셈은 어떻게 될까?

'광속도 일정의 원리'를 생각하면 속도의 덧셈은 어떻게 될까요?

상대성 이론에 의하면 '로렌츠 변환'을 바탕으로 계산하면 속도의 계산은 아래와 같은 식이 됩니다.

$$w = \frac{u+v}{1+\frac{vu}{c^2}}$$

이것은 로켓의 속도를 v, 로켓에서 발사된 미사일의 속도(로켓에서 관찰한)를 u라고 했을 때 두 속도를 더한 결과의 속도 w가 이렇게 된다는 것입니다. 보통의 덧셈(비상대성 이론적)의 식 $w=u+v$와 비교하면 차이점을 알 수 있습니다.

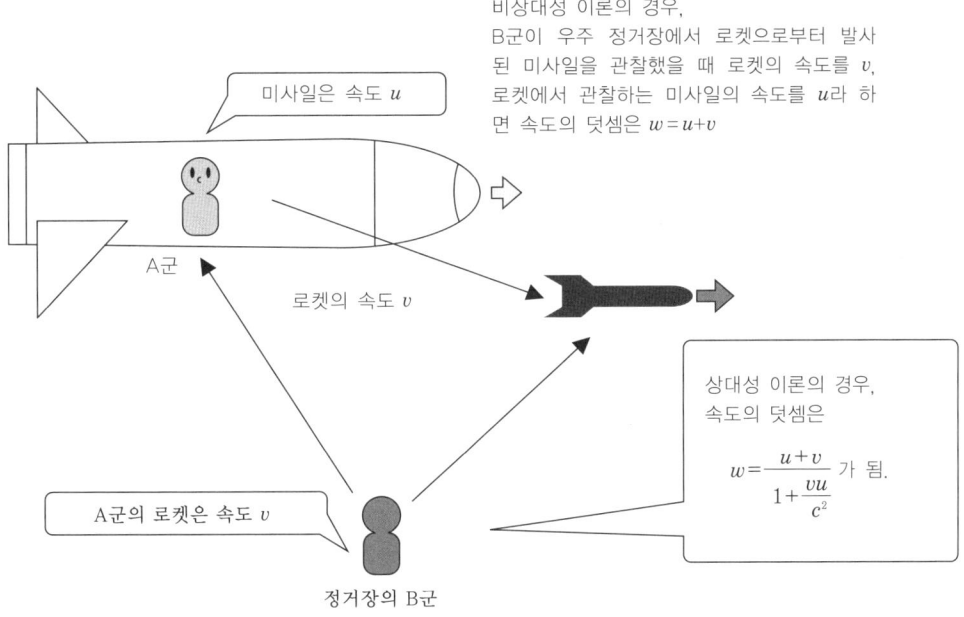

〈그림 1.12〉 속도의 덧셈

앞에 나온 식에 구체적인 속도를 넣어 보면 재미있는 사실을 알 수 있습니다.

예를 들어, 로켓의 속도 v가 광속도의 50%, 로켓에서 관찰한 미사일의 속도 u가 광속도의 50%인 경우 B군이 관찰한 미사일의 속도 w는 $u=0.5c$, $v=0.5c$로서

$$w = \frac{(0.5c + 0.5c)}{\left(1 + \frac{(0.5c)^2}{c^2}\right)} = \frac{c}{1.25} = 0.8c$$

가 되어 광속도의 80%가 됩니다. 그리고 만약 로켓의 속도 v가 광속도의 100%(실제로는 $v=c$가 되는 것은 로켓과 같은 질량이 있는 물체에서는 불가능하지만), 로켓에서 관찰한 미사일의 속도 u가 광속도의 100%인 경우, B군이 관찰한 미사일의 속도 w는 $v=c$, $u=c$로서

$$w = \frac{(c+c)}{\left(1 + \frac{c^2}{c^2}\right)} = \frac{2c}{2} = c$$

가 되어 광속도가 됩니다. 상대성 이론에서는 어떤 경우에도 광속도를 초과할 수 없는 것입니다.

제2장
시간이 느려지다니 어떻게 된 거야?

제2장 시간이 느려지다니 어떻게 된 거야?

1. 우라시마 효과

2. 왜 시간이 느려지나요?

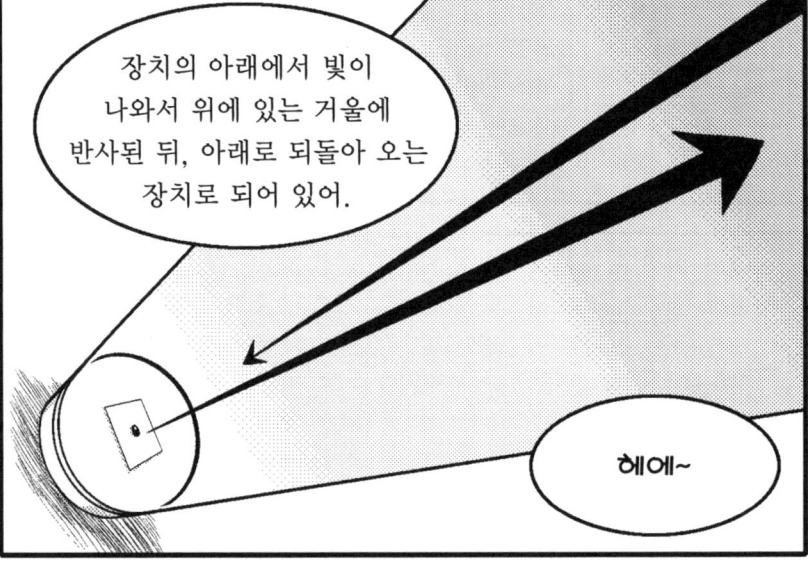

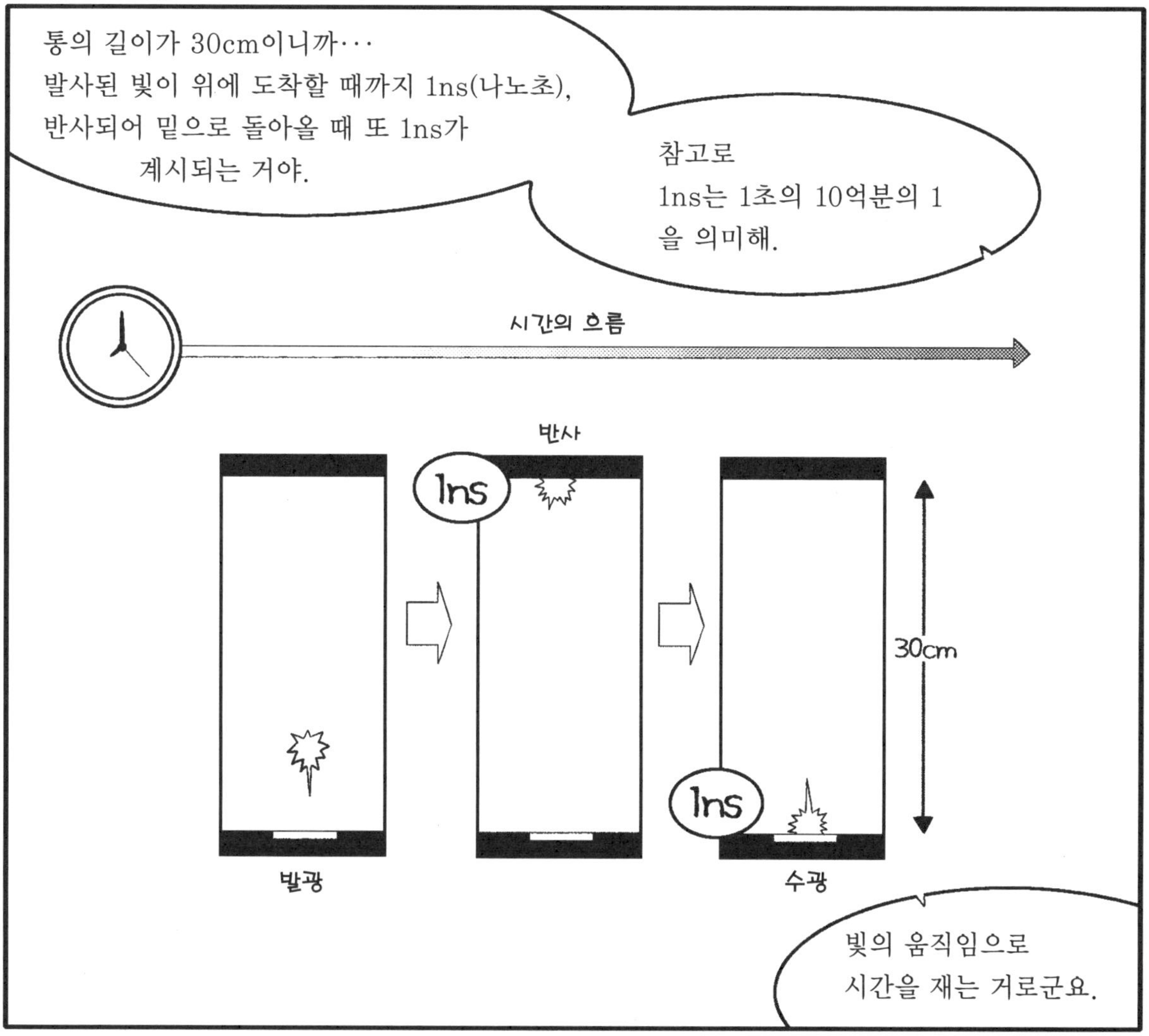

통의 길이가 30cm이니까…
발사된 빛이 위에 도착할 때까지 1ns(나노초),
반사되어 밑으로 돌아올 때 또 1ns가
계시되는 거야.

참고로
1ns는 1초의 10억분의 1
을 의미해.

시간의 흐름

반사
1ns

발광 → → 수광
1ns
30cm

빛의 움직임으로
시간을 재는 거로군요.

그 광시계를 정거장에 있는
미나기와 로켓에 타고 있는 내가
각자 가진 채로 각자 시간이 흐르는
방향을 조사하는 거지.

오호라!

제2장 시간이 느려지다니 어떻게 된 거야?

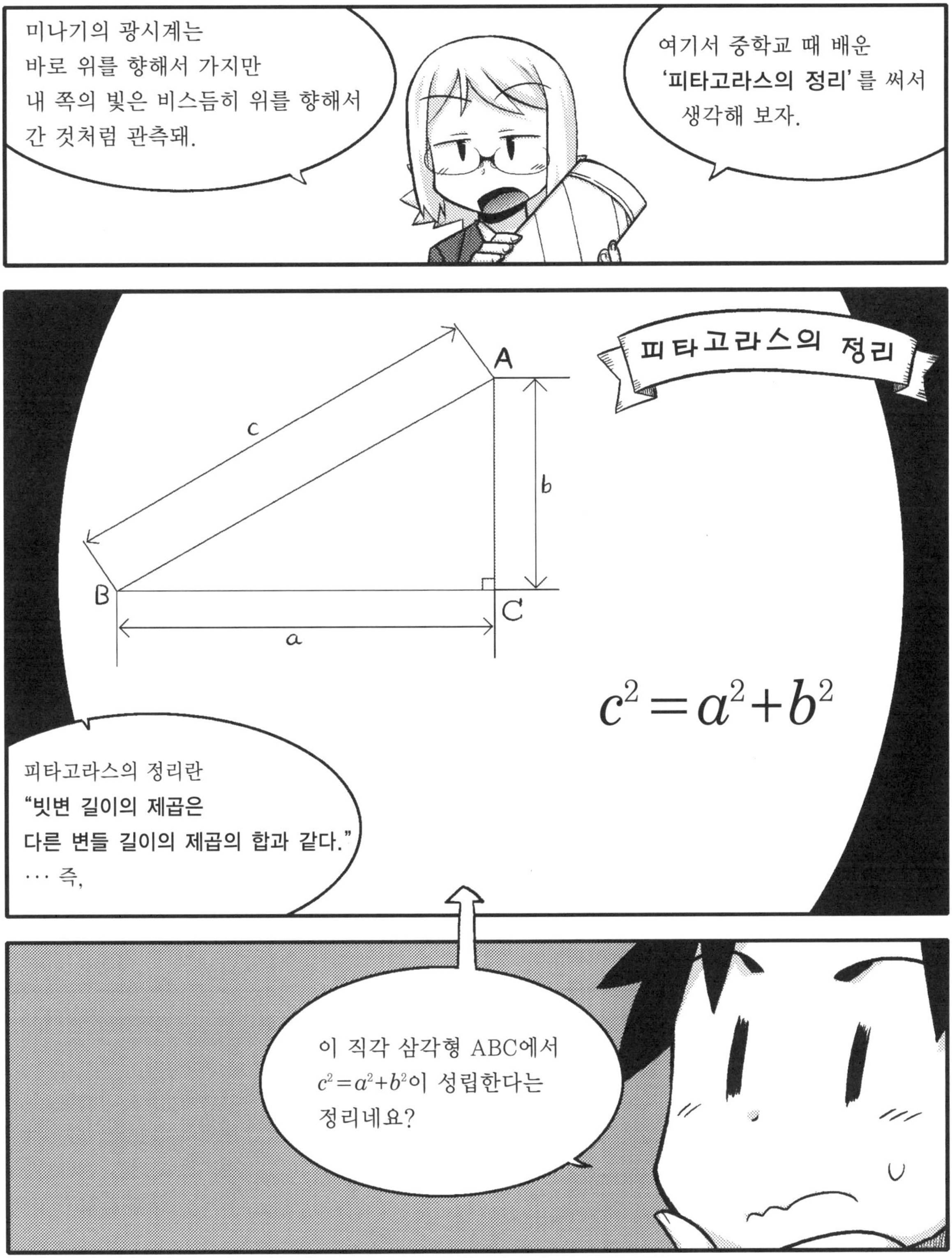

미나기의 광시계는 바로 위를 향해서 가지만 내 쪽의 빛은 비스듬히 위를 향해서 간 것처럼 관측돼.

여기서 중학교 때 배운 '**피타고라스의 정리**'를 써서 생각해 보자.

피타고라스의 정리

$$c^2 = a^2 + b^2$$

피타고라스의 정리란 "빗변 길이의 제곱은 다른 변들 길이의 제곱의 합과 같다." … 즉,

이 직각 삼각형 ABC에서 $c^2 = a^2 + b^2$이 성립한다는 정리네요?

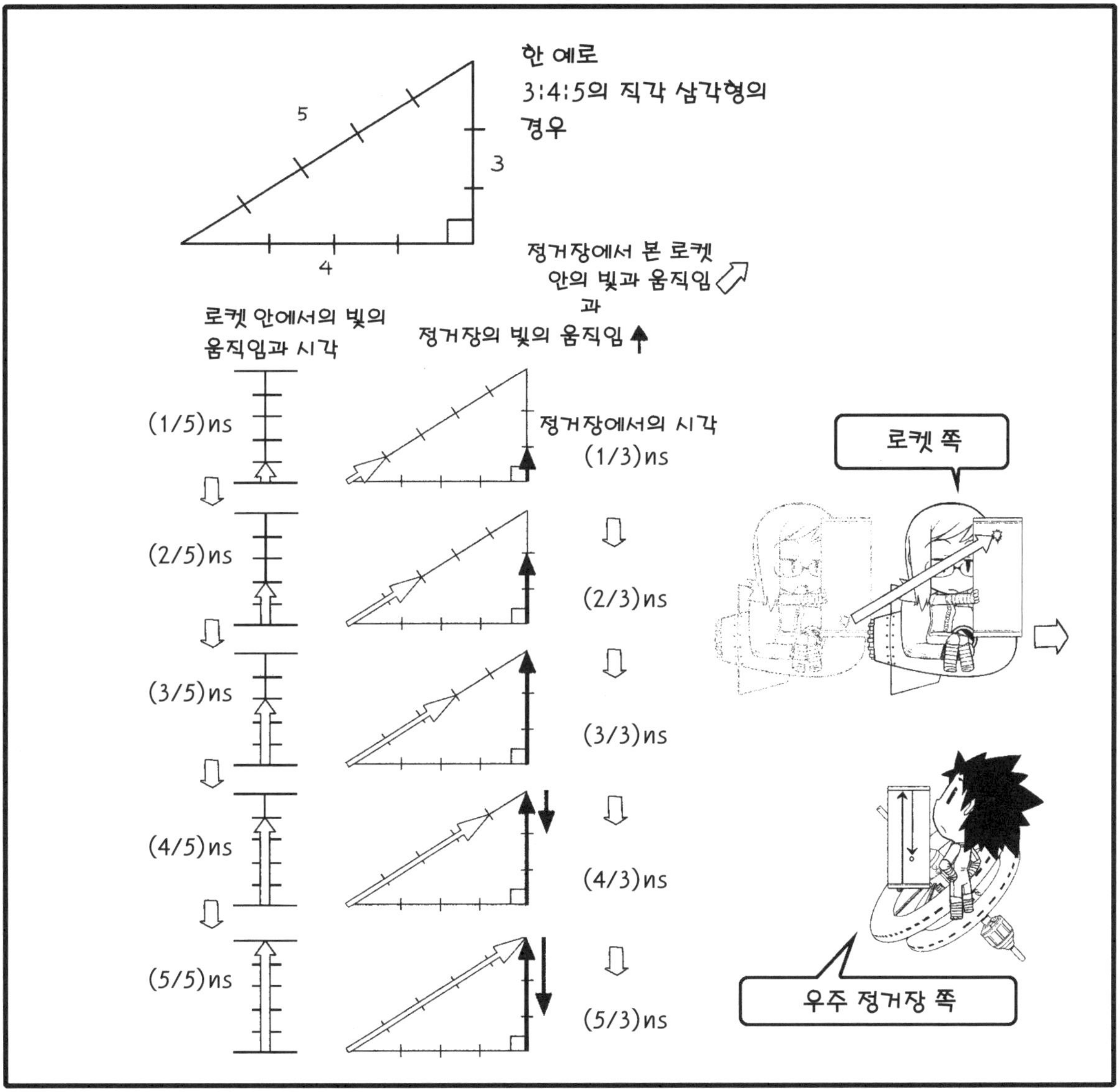

3. 시간이 느려지는 것도 서로 마찬가지

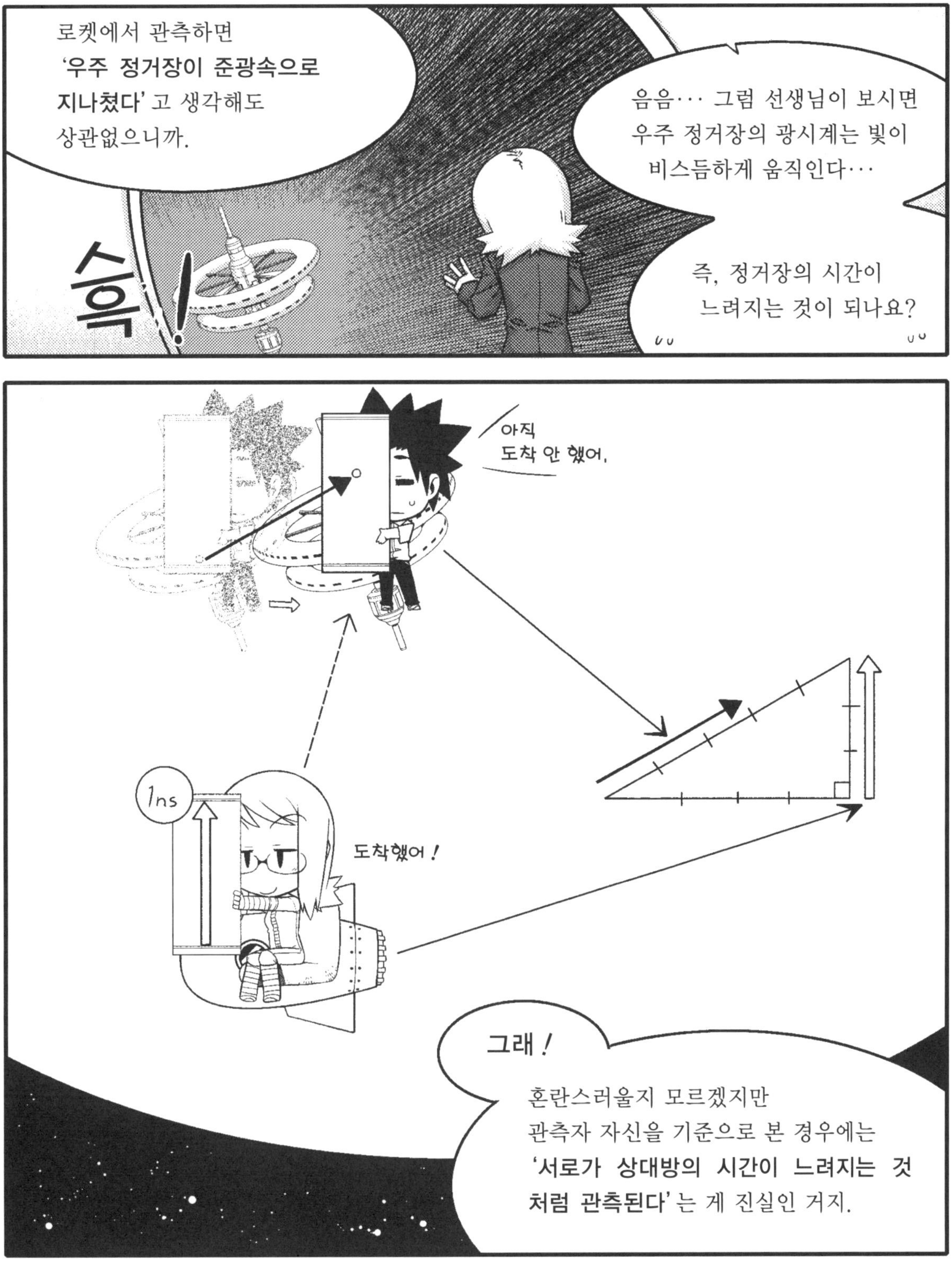

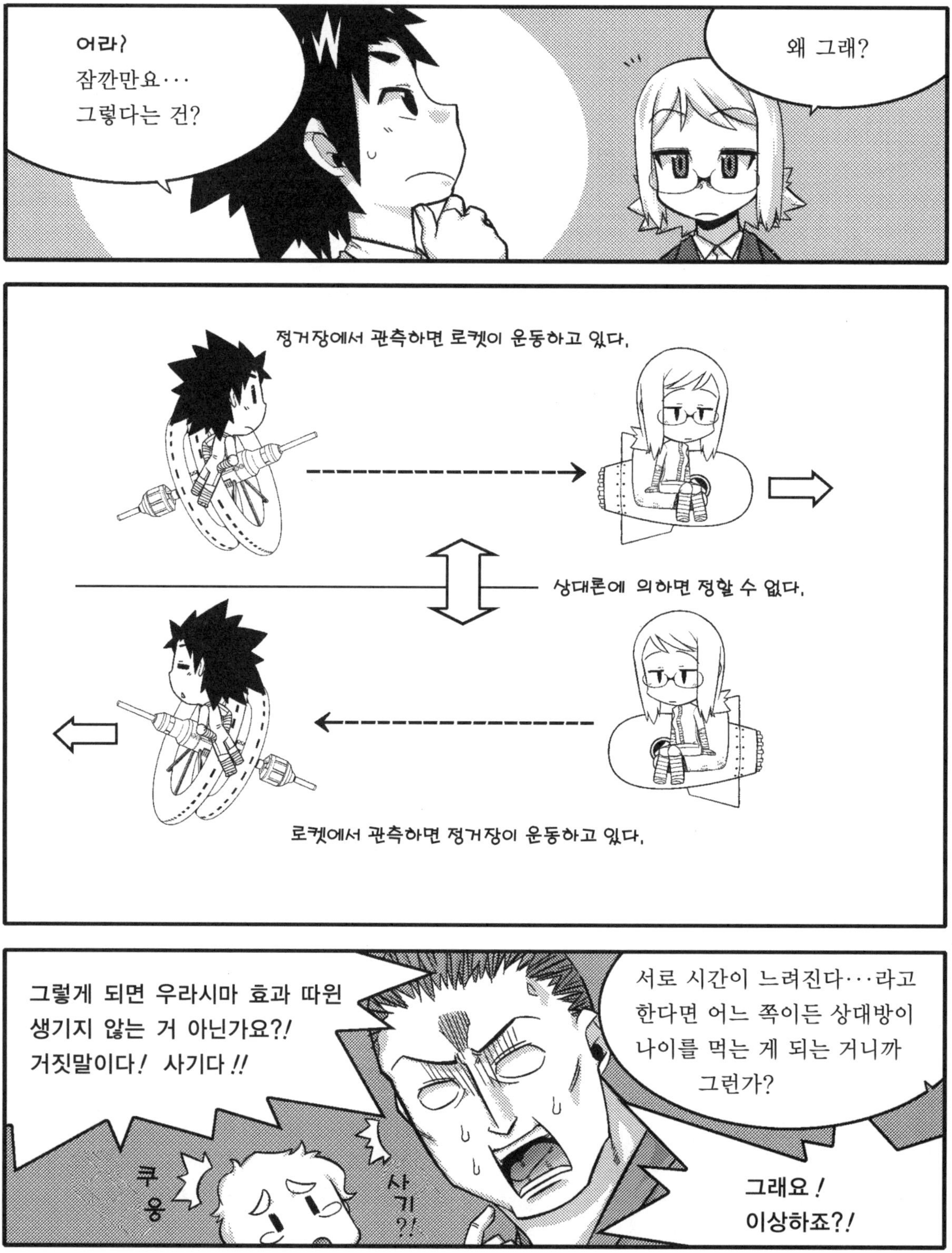

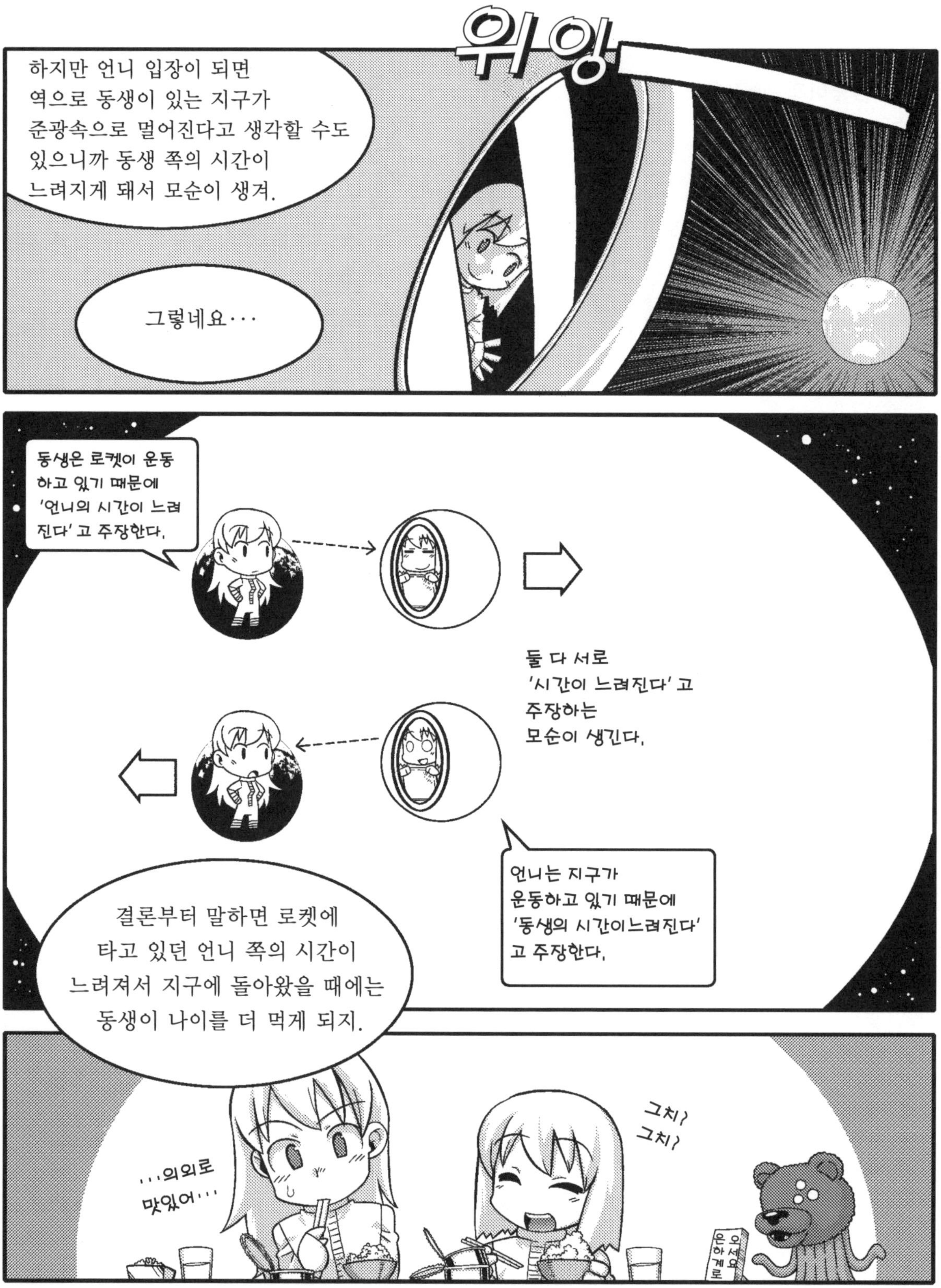

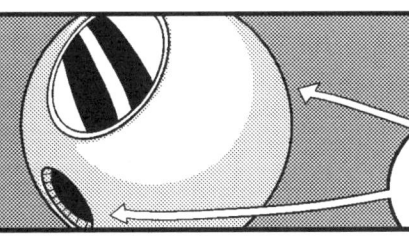

알기 쉽게 설명하기 위해 이런 로켓을 준비해 봤어.

동그랗고 앞·뒤로 탈출구가 있는 형태지.

지구가 정지해 있는 좌표계

 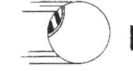 → 속도
일정 속도로 운동하고 있을 때(관성 운동)

 가속도 ←  → 속도가 작아진다.
반대로 감속하기 위해 로켓 동력을 추진한다(가속도 운동).

  ← 속도가 0이 된다.
반대로 감속한 채로 속도가 0이 된다(가속도 운동).

 ← 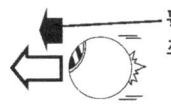 돌아오는 방향으로 조금 속도가 난다.

 ←
귀환하기 위한 일정 속도에 도달했으므로 로켓 동력의 추진을 멈춘다(관성 운동).

지구로 돌아오기 위해 방향을 바꿀 때

로켓 안의 언니는 자기가 감속·가속하고 있다고 느끼는 대신 강한 중력을 받고 있다고 느껴.

실제 로켓은 감속·가속해서 되돌아오고 있는 거네요.

그리고 언니는 지구가 그 중력으로 되돌아오고 있다, 즉 자신을 향해 떨어지고 있다고 관측해.

아, 언니 입장에서는 지구가 떨어지고 있다고 관측한다는 거군요~

4. 시간이 느려지는 걸 식으로 본다

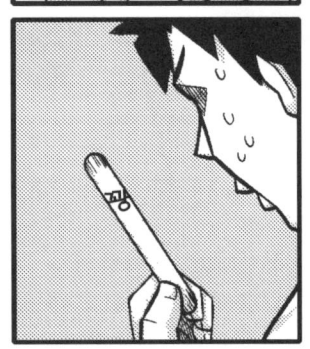

보충 학습

【시간이 느려지는 식을 피타고라스의 정리를 사용하여 증명한다】

상대성 이론에 의하면 광속에 가까운 속도로 운동하고 있는 물체에서 시간이 느려지는 것을 알수 있는데, 그렇다면 어느 정도 느려지는 것일까요?

식을 약간 사용하여 생각해 보겠습니다. 앞에 나온 피타고라스의 정리를 사용했을 때에는 특정 삼각형을 고려했습니다. 그것을 식으로 이용해 보겠습니다.

그림과 같이 t를 정거장에 있는 사람이 로켓의 광시계를 관측하는 시간, t'를 로켓에 탄 사람이 로켓의 광시계를 관측하는 시간이라고 하겠습니다.

t : 정거장에 있는 사람 쪽의 시간
t' : 로켓에 탄 사람 쪽의 시간

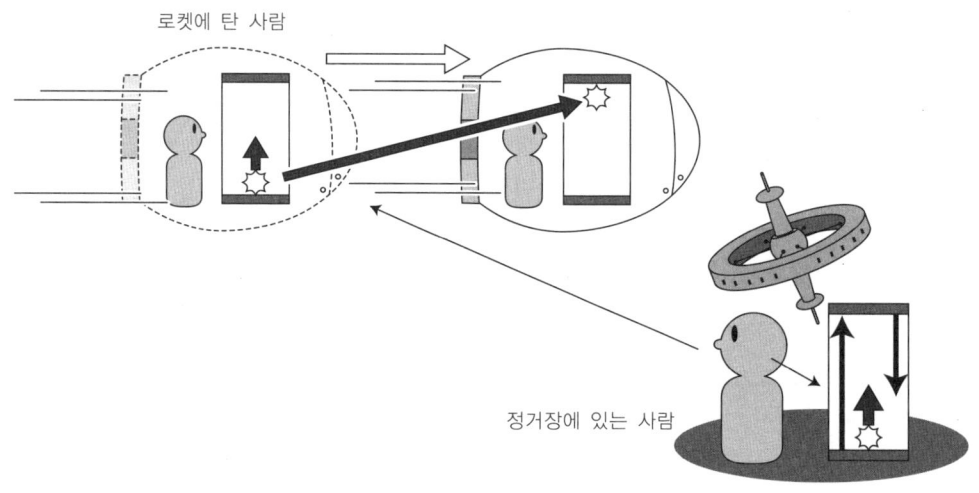

〈그림 2.1〉 로켓에 탄 사람과 정거장에 있는 사람

로켓에 탄 사람은 자신의 광시계를 관측할 때 광시계와 함께 로켓에 탄 사람이 움직이고 있으므로 단지 빛은 올라갔다 내려갔다만 합니다. 그래서 광속도를 c라 하면 광시계의 높이를 진행하면 ct'의 길이가 됩니다.

이번에는 정거장에 있는 사람이 같은 로켓의 광시계에서 빛의 움직임을 관측하면 빛은 로켓의 움직임에 따라 비스듬하게 위쪽으로 향하여 역시 광속도 c로 움직입니다. 그리고 그 사선을 로켓의 광시계의 거울(위에 있음)로 향해 갑니다. 그 거리는 정거장에 있는 사람의 시간 t로 재며 ct가 됩니다. 마찬가지로 정거장에 있는 사람이 볼 때 로켓의 광시계 아래(발광부)는 로켓의 속도 v로 가로로 움직이므로 빛이 위에 도달할 때까지의 시간 t 동안 오른쪽으로 vt만큼 이동합니다.

이렇게 해서 삼각형의 각 변이 결정됩니다.

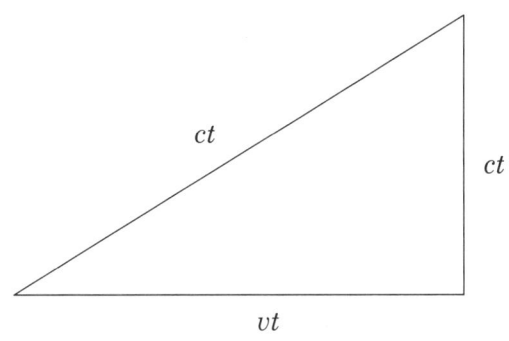

여기서, t' : 로켓에서의 시간
t : 정거장에서의 시간

그리고 피타고라스의 정리로부터

$$c^2 t^2 = c^2 t'^2 + v^2 t^2$$

이 됩니다.

v^2의 항을 좌변으로 이항하고

$$(c^2 - v^2) t^2 = c^2 t'^2$$

좌우를 바꾸면

$$c^2 t'^2 = (c^2 - v^2) t^2$$

이 됩니다.

그리고 c^2으로 나누면

$$t'^2 = \frac{(c^2 - v^2)}{c^2} t^2 = \left(1 - \frac{v^2}{c^2}\right) t^2$$

이 됩니다. 양변의 제곱근을 취하고 양수 쪽을 취하면

$$t' = \left(\sqrt{1 - \frac{v^2}{c^2}}\right) t$$

입니다.

이것이 로켓에 탄 사람의 시간 t'와 정거장에 있는 사람의 시간 t의 관계입니다.

$\sqrt{1-\dfrac{v^2}{c^2}}<1$이므로, $t'<t$가 됩니다.

즉, 로켓에 탄 사람 쪽(t')이 정거장에 탄 사람(t)에 비해 시간이 앞서지 않고 천천히 진행한다는 것을 알 수 있습니다.

또한 $\sqrt{1-\dfrac{v^2}{c^2}}$의 항을 생각하면 v가 c에 가까워질수록 이 시간의 지연 효과가 커진다는 것도 알 수 있습니다.

이와 같이 식을 사용하여 생각하는 것은 특정 삼각형에서의 관계가 아니라 다양한 삼각형에서의 관계를 조사할 수 있기 때문입니다. 그리고 그 식에서 결과를 예상할 수 있는 것이 최대의 목적입니다.

강좌명	수강료	학습일	강사
전자기사 필기+실기(작업형)	360,000원	240일	김태영

◆ 건축·토목·농림 분야

강좌명	수강료	학습일	강사
[정규반] 토목시공기술사 1차 대비반	1,000,000원	180일	권유동
[All PASS] 토목시공기술사 1차 대비반	700,000원	180일	장준득
건설안전기술사 1차 대비반	540,000원	365일	장두섭
건축전기설비기술사 1차 대비반	750,000원	365일	양재학
건축시공기술사 1차 대비반	567,000원	360일	심영보
도로 및 공항기술사 1차 대비반	1,400,000원	365일	박효성
건축기사 필기+실기 패키지[프리패스]	280,000원	180일	안병관 외
건축산업기사 필기	190,000원	120일	안병관 외
건축기사 필기	260,000원	90일	정하정
토목기사 필기	280,000원	210일	박경현, 박재성, 이진녕
산림기사 필기+실기 대비반	350,000원	180일	김정호
유기농업기사 필기	200,000원	90일	이영복
식물보호기사 필기+실기(필답형)	270,000원	240일	이영복
지적기사·산업기사 필기 대비반	250,000원	180일	송용희
농산물품질관리사 1차+2차 대비반	110,000원	180일	고송남, 김봉호
수산물품질관리사 1차+2차 대비반	110,000원	180일	고송남, 김봉호

◆ 정보통신 분야

강좌명	수강료	학습일	강사
[속성반] 빅데이터분석기사 필기+실기	270,000원	180일	김민지
[정규반] 빅데이터분석기사 필기+실기	370,000원	240일	김민지
정보처리기사 필기+실기	146,000원	90일	권우석

◆ 기계·역학 분야

강좌명	수강료	학습일	강사
건설기계기술사 1차 대비반	630,000원	350일	김순채
산업기계설비기술사 1차 대비반	495,000원	360일	김순채
기계안전기술사 1차 대비반	612,000원	360일	김순채
금형기술사 1차 대비반	630,000원	360일	이재석 외
공조냉동기계기사 필기+실기(필답형)	250,000원	180일	허원회
공조냉동기계산업기사 필기	180,000원	90일	허원회
[합격할 때까지] 공조냉동기계기사 필기+실기(필답형)	300,000원	합격할 때까지	허원회
에너지관리기사 필기+실기(필답형)	290,000원	240일	허원회
[합격할 때까지] 에너지관리기사 필기+실기(필답형)	340,000원	합격할 때까지	허원회
[스펙업 패키지] 일반기계기사 필기+실기(필답형+작업형)	280,000원	합격할 때까지	허원회
신재생에너지발전설비기사 자격 취득반	290,000원	180일	김영복
[무한연장] 전산응용기계제도기능사 필기+실기+CBT 모의고사	170,000원	60일	박미향, 탁덕기
핵심 공유압기능사 필기+과년도	210,000원	210일	김순채
공조냉동기계기능사 필기+과년도	280,000원	240일	김순채

◆ 기타 분야

강좌명	수강료	학습일	강사
지텔프 킬링 포인트 65점 목표 달성	130,000원	90일	오정석
지텔프 킬링 포인트 50점 목표 달성	99,000원	60일	오정석
지텔프 킬링 포인트 43점반	60,000원	30일	오정석
PMP 자격대비	350,000원	60일	강신봉, 김정수
이러닝운영관리사 합격 보장반	150,000원	150일	최정빈, 임호용, 이선희
업무 생산성 확 높이는 AI 서비스	70,000원	150일	김종철

기술사 Premium 과정

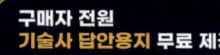

구매자 전원 기술사 답안용지 무료 제공

\+

PC/모바일 1년 무제한 수강 가능

소방기술사 _유창범 교수_

소방 기초 이론부터 최신 출제 패턴 분석
쉬운 이해를 돕기 위해
다양한 사례로 쉽게 풀어낸 강의
답안 작성을 위한 체크리스트부터 노하우까지 제시

~~1,000,000원~~
620,000원

산업위생관리기술사 _임대성 교수_

최신 기출 기반 문제풀이
예리한 출제 예상문제 예측
파트별 중요도, 답안 구성법 제시

~~1,200,000원~~
1,000,000원

도로 및 공항기술사 _박효성 교수_

단답형/논술형 완벽 대응
파트별 모의시험 자료 제시
최근 정책 동향 특강 제공

~~2,000,000원~~
1,400,000원

건축전기설비기술사 _양재학 교수_

전기설비 설계/감리 지식 배양
효율적 기록법 제시
예상문항에 대한 치밀한 접근

~~900,000원~~
750,000원

전기안전기술사 _양재학 교수_

기출로 해석하는 이론 학습
효율적 답안기록법 제시
연상기법을 활용한 전기 지식 이해

~~900,000원~~
750,000원

◆ 그 외 더 다양한 성안당 기술사 과정은 상단 QR 스캔 시 확인하실 수 있습니다.

쉬운대비 빠른합격 **성안당 e러닝**

대통령상  **2회 수상**

국가기술자격시험 교육 부문

2019, 2020, 2021, 2022, 2023, 2024

6년 연속 소비자의 선택
대상 수상

중앙SUNDAY 중앙일보 산업통상자원부

2024 소비자의 선택
The Best Brand of the
Chosen by CONSUMER

성안당 e러닝 주요강좌

소방설비기사·산업기사	전기(공사)기사·산업기사/전자기사	정보처리기사/빅데이터분석기사
건축(설비)기사/지적기사	에너지관리기사/일반기계기사	네트워크관리사/시스코네트워킹
산업위생관리기사·산업기사	품질경영기사	위험물산업기사·기능사
공조냉동기계기사·산업기사	가스기사·산업기사	산림기사/식물보호기사
신재생에너지발전설비기사	토목기사	영상정보관리사
G-TELP LEVEL 2	직업상담사 1급/이러닝운영관리사	화학분석기사/온실가스관리기사

◆ 소방 분야

강좌명	수강료	학습일	강사
소방기술사 전과목 마스터반	620,000원	365일	유창범
[쌍기사 평생연장반] 소방설비기사 전기 x 기계 동시 대비	549,000원	합격할 때까지	공하성
소방설비기사 필기+실기+기출문제풀이	370,000원	170일	공하성
소방설비기사 필기	180,000원	100일	공하성
소방설비기사 실기 이론+기출문제풀이	280,000원	180일	공하성
소방설비산업기사 필기+실기	280,000원	130일	공하성
소방설비산업기사 필기	130,000원	100일	공하성
소방설비산업기사 실기+기출문제풀이	200,000원	100일	공하성
소방시설관리사 1차+2차 대비 평생연장반	850,000원	합격할 때까지	공하성
소방공무원 소방관계법규 문제풀이	89,000원	60일	공하성
화재감식평가기사·산업기사	240,000원	120일	김인범

◆ 위험물 · 화학 분야

강좌명	수강료	학습일	강사
위험물기능장 필기+실기	280,000원	180일	현성호, 박병호
위험물산업기사 필기+실기	245,000원	150일	박수경
위험물산업기사 필기+실기[대학생 패스]	270,000원	최대4년	현성호
위험물산업기사 필기+실기+과년도	344,000원	150일	현성호
위험물기능사 필기+실기	240,000원	240일	현성호
화학분석기사 필기+실기 1트 완성반	310,000원	240일	박수경
화학분석기사 실기(필답형+작업형)	200,000원	60일	박수경
화학분석기능사 실기(필답형+작업형)	80,000원	60일	박수경

◆ 환경 분야

강좌명	수강료	학습일	강사
온실가스관리기사 필기+실기	280,000원	120일	박기학, 김서현
대기환경기사 필기	160,000원	120일	서성석

◆ 품질경영 분야

강좌명	수강료	학습일	강사
품질경영기사 필기+실기 Class[합격보장]	299,000원	180일	염경철 외
품질경영기사 필기 class	200,000원	180일	염경철 외
품질경영기사 실기 class	170,000원	120일	염경철
[품질경영 입문] 기초 통계의 이해와 적용	150,000원	90일	염경철

◆ 네트워크 · 보안 분야

강좌명	수강료	학습일	강사
영상정보관리사	250,000원	60일	서재오, 최상균, 최윤미
후니가 알려주는 기초 시스코 네트워킹	280,000원	90일	진강훈
네트워크관리사 1,2급 필기+실기	168,000원	90일	허준
컴퓨터활용능력 2급 필기+실기	40,000원	180일	진광남
비범한 네트워크 구축하기	340,000원	60일	이중호
쉽게 배우는 시스코 랜 스위칭	102,000원	90일	이중호
CCNA	250,000원	60일	이중호
CAD 실무능력평가(CAT) 1급, 2급 실기	72,000원	90일	강민정, 홍성기
인벤터 기초부터 3D CAD 모델링 실무까지	90,000원	90일	강민정, 홍성기
디지털트랜스포메이션	80,000원	30일	주호재

◆ 안전 · 산업위생 분야

강좌명	수강료	학습일	강사
산업위생관리기술사 1차 대비반	1,000,000원	365일	임대성
산업위생관리기사 필기+실기	330,000원	240일	서영민
산업위생관리산업기사 필기+실기	330,000원	240일	서영민
산업위생관리기사·산업기사 필기+실기[청춘패스]	278,000원	365일	서영민
[1차+2차] 산업보건지도사_산업위생분야	700,000원	240일	서영민
가스기사 필기+실기	290,000원	365일	양용석
가스산업기사 필기+실기	280,000원	365일	양용석
산업안전지도사 1차 마스터 패키지	545,000원	180일	김지나, 어원석, 이상국, 이준원
연구실안전관리사 1차+2차 합격 패키지	280,000원	2차 시험일까지	강지영, 강병규, 이홍주
중대재해처벌법 실무	320,000원	90일	이상국

◆ 전기 · 전자 분야

강좌명	수강료	학습일	강사
전기안전기술사 1차 대비반	750,000원	365일	양재학
전기기능장 필기+실기	420,000원	240일	김영복
전기기사 핀셋특강 합격보장 패키지	380,000원	180일	전수기, 정종연, 임한규
전기산업기사 핀셋특강 합격보장 패키지	360,000원	180일	전수기, 정종연, 임한규
전기기사 실전형 0원 환급 TRACK	350,000원	3차 시험일까지	오우진, 문영철
전기산업기사 실전형 0원 환급 TRACK	320,000원	3차 시험일까지	오우진, 문영철
[전기기사·공사기사] 쌍기사 평생연장반	490,000원	합격할 때까지	전수기, 정종연, 임한규
[전기산업기사·공사산업기사] 쌍산업기사 평생연장반	450,000원	합격할 때까지	전수기, 정종연, 임한규
참! 쉬움 전기기능사 필기+실기[프리패스]	230,000원	365일	류선희, 홍성욱 외

성안당 e러닝 BEST 강의

전기/전자
전수기, 정종연, 임한규, 류선희, 김영복, 김태영 교수
전기기능장, 전기(공사)기사·산업기사
전기기능사, 전자기사

소방
공하성, 유창범 교수
소방기술사
소방설비기사·산업기사
소방시설관리사, 소방공무원

G-TELP
오정석 교수
G-TELP LEVEL 2
문법·독해&어휘, 모의고사

산업위생/환경
서영민, 임대성, 박기학, 김서현 교수
산업위생관리기술사
산업위생관리기사·산업기사
산업보건지도사, 온실가스관리기사

사회복지/교육
이시현, 김재진, 최정빈 교수
직업상담사 1급
이러닝운영관리사

품질/화학/위험물
염경철, 박수경, 현성호 교수
품질경영기사, 화학분석기사
화공기사, 위험물기능장
위험물산업기사, 위험물기능사

기계/정보통신
허원회, 김민지 교수
공조냉동기계기사·산업기사
에너지관리기사, 일반기계기사
빅데이터분석기사

건축/토목
안병관, 심진규, 최승윤, 신민석, 정하정 교수
건축기사, 건축설비기사
전산응용건축제도기능사

성안당 e러닝 인기 동영상 강의 교재

" 국가기술자격 수험서는 52년 전통의 '성안당' 책이 좋습니다 "

소방설비기사 필기	산업위생관리기사 필기	공조냉동기계기사 필기	전기기사 필기
공하성 지음	서영민 지음	허원회 지음	문영철, 오우진 지음

전기자기학	화학분석기사 필기	품질경영기사 필기	건축기사 필기
전수기 지음	박수경 지음	염경철 지음	정하정 지음

일반기계기사 필기	온실가스관리기사 필기	빅데이터분석기사 필기	영상정보관리사
허원회 지음	박기학, 김서현 지음	김민지 지음	서재오, 최상균, 최윤미 지음

성안당 e러닝

국가기술자격교육 NO.1

합격이 **쉬워**진다,
합격이 **빨라**진다!

**당신의 합격 메이트,
성안당
이러닝**

bm.cyber.co.kr

단체교육 문의 ▶ 031-950-6332

★칼럼★

시간은 어느 정도 느려질까?

운동하고 있는 물체에서는 시간이 느려진다는 것을 알았는데, 구체적으로 어느 정도 느려질까요?

우주 여행을 하는 것을 예로 계산해 보겠습니다.

시간이 느려지는 것은 운동하는 물체의 속도와 관계가 있습니다.

즉, 운동하는 물체의 속도가 광속에 가까울수록 시간의 지연 효과가 커집니다.

우주 여행에서 목표로 해야 할 태양에서 가장 가까운 항성을 목적지로 생각해 보겠습니다. 그렇다 해도 태양계 내이면 현재의 기술로도 몇 년 단위 정도로 시간을 들이면 화성이나 금성 정도는 갈 수 있을 테니까요.

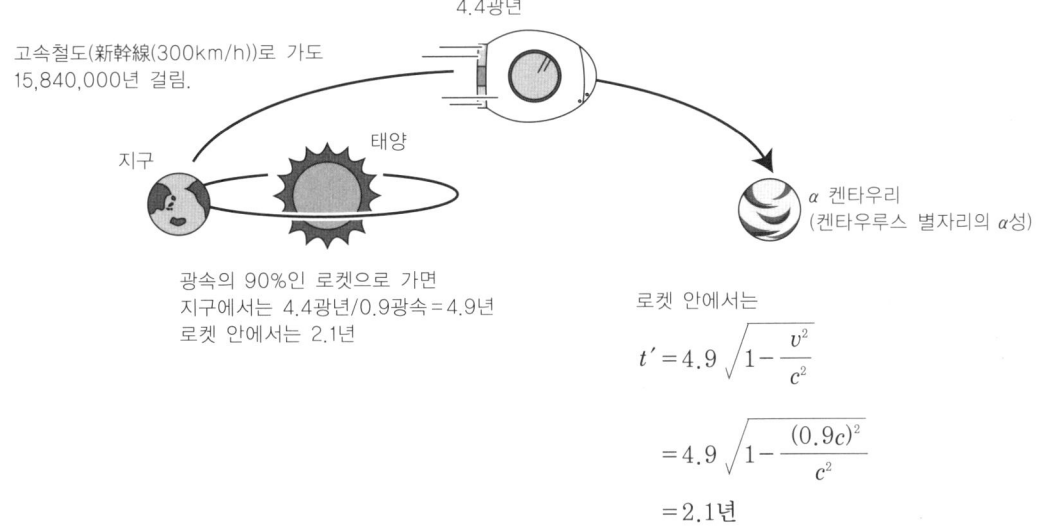

〈그림 2.2〉 α 켄타우리로 여행

그런데 지구(태양)에서 가장 가까운 항성은 4.4광년 떨어진 α켄타우리(켄타우루스 별자리의 α성)입니다. 광년이란 우주에서 가장 **빠른** 빛이 1년 동안 나아가는 거리로서 약 9조4,608억km (300,000km/s×60×60×24×365)입니다. 이 4.4광년을 고속철도(新幹線(시속 300km))로 달리면 무려 15,840,000년이 걸립니다. 이렇게 먼 α켄타우리에 광속의 90%로 비행하면 우주선으로는 편도 2.1년이 걸리게 되고, 지구에서는 4.9년이 걸리게 됩니다.

따라서 지구에서 우주 비행사를 보내고 그가 도착하자마자 돌아오더라도 지구에서는 약 10년

후에 우주 비행사를 맞게 되지만 우주 비행사는 단 4.2년밖에 나이를 먹지 않게 됩니다.

이러한 상대성 이론적 시간의 지연이라는 상황은 더 빨리 운동하면 더 커지게 됩니다.

그것을 실감하기 때문에 우주에서는 태양이 있는 은하계에서 인접 은하계인 안드로메다 은하계(M31)까지 여행하는 것을 생각해 보겠습니다.

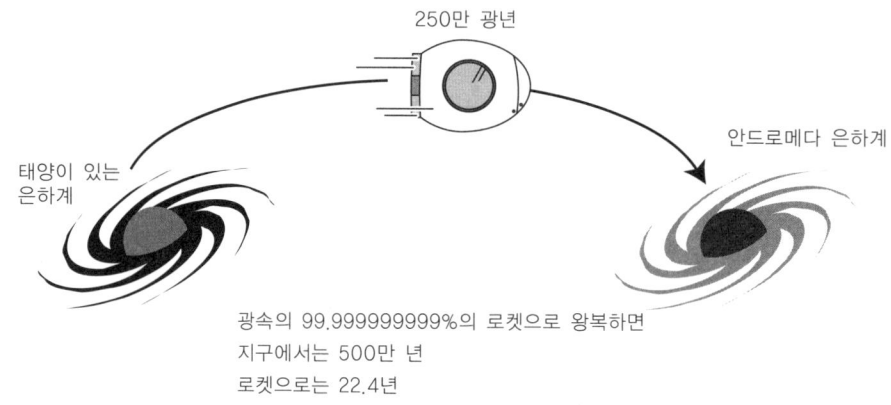

〈그림 2.3〉 안드로메다 은하계로 여행

안드로메다 은하계는 겨울의 맑고 어두운 하늘의 안드로메다 별자리에서 환하게 보이는 우리 하늘이 있는 은하계 밖의 성운입니다. 안드로메다 은하계는 약 250만 광년 저편에 있습니다. 흔히 듣는 말이지만 우리가 보는 안드로메다 은하계는 250만 년 전의 모습입니다. 만약 지구와 같은 시간에 있다 하더라도, 지금 안드로메다 은하계에서 폭발이 일어난다면 우리는 그 사실을 250만 년 후에 알 수 있습니다. 빛이 지구에 도달할 때까지 250만 년이 걸리기 때문입니다. 안드로메다 은하계에 광속의 99.999999999%로 비행하면 우주선에서는 편도 11.2년이 걸리는데도 지구에서는 250만 년이 지나 있게 됩니다. 그러므로 우주선이 돌아오면 우주 비행사는 22.4세의 나이를 먹지만 지구에서는 500만 년 후의 사람들이 맞이하게 됩니다.

제3장

빨리 운동하면 짧아지고 무거워진다?

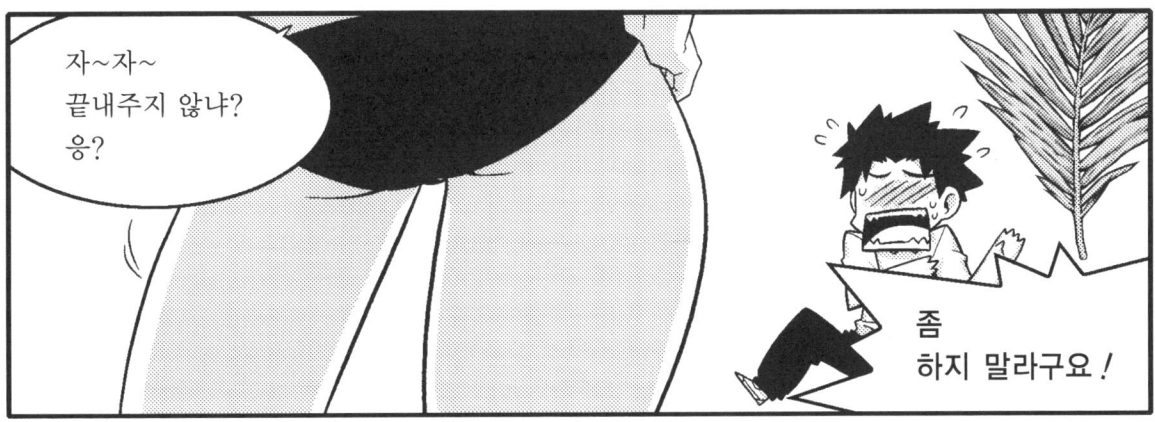

1. 빠르게 운동하면 길이가 줄어든다?

결론부터 말하면 준광속으로 운동하는 물체는 운동 방향으로 줄어드는 걸로 관측된다는 거지.

그건 공기 같은 것의 저항이 생겨서 팍 줄어드는 게 아닌가요?

그런 거 아니거든!

공간 그 자체가 줄어들어서 그 결과 정지해 있는 사람이 볼 때 공간 자체가 줄어든 걸로 관측되는 거야.

알 것 같기도 하고 모를 것 같기도 하고…

연상하기 쉽게 예를 들어 줄게. 잠깐 이리 와.

네네. 그런데 왜…

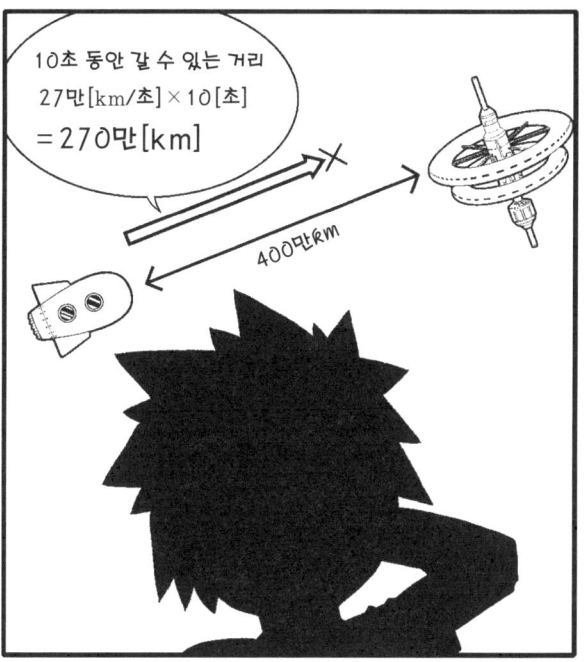

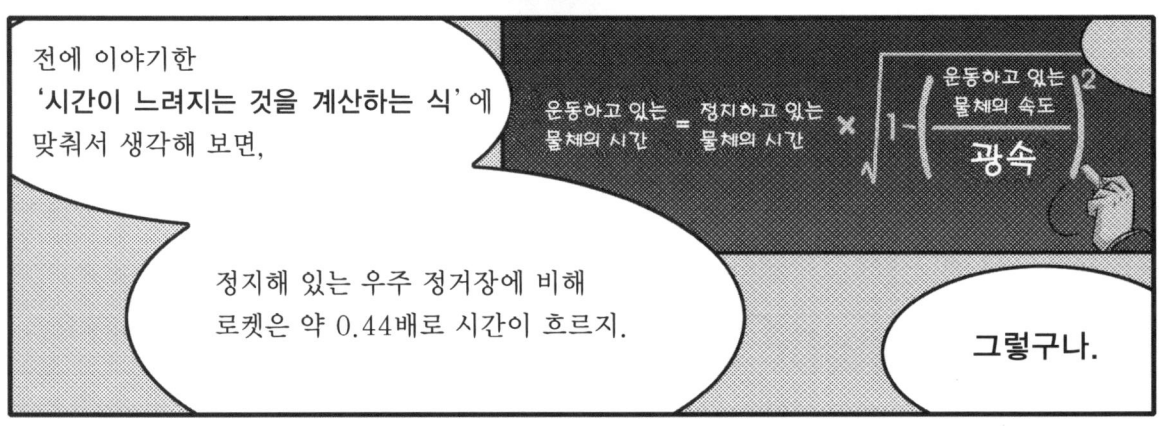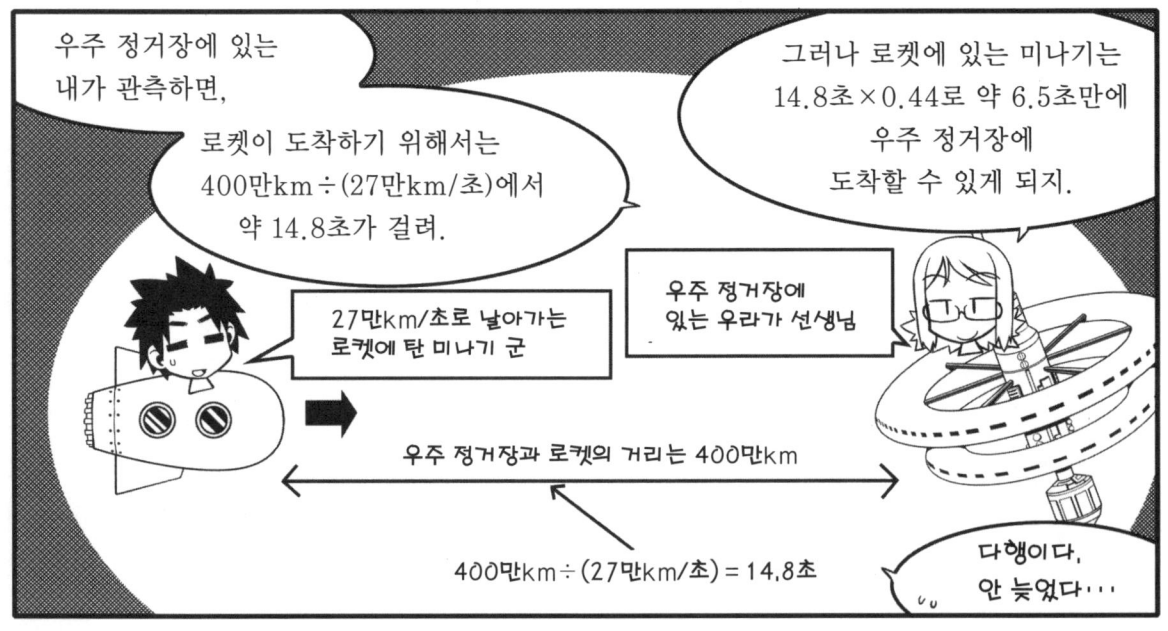

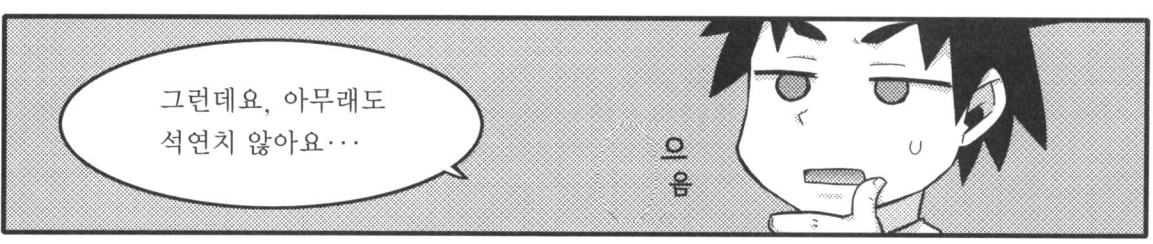

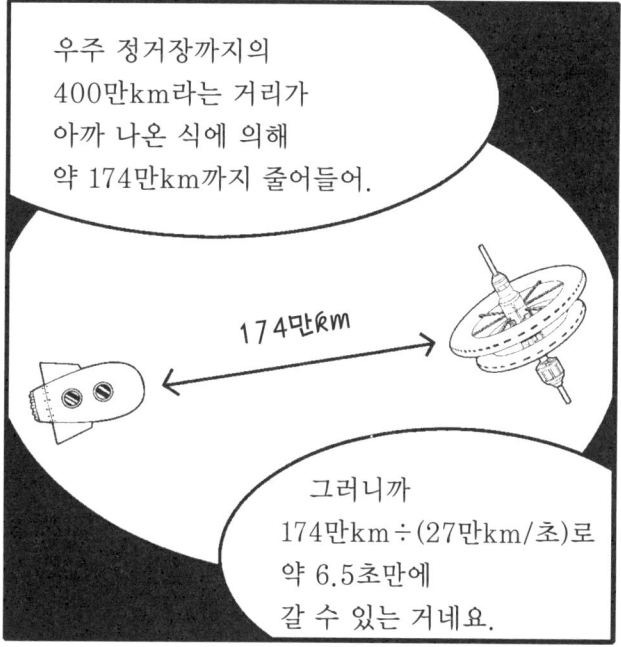

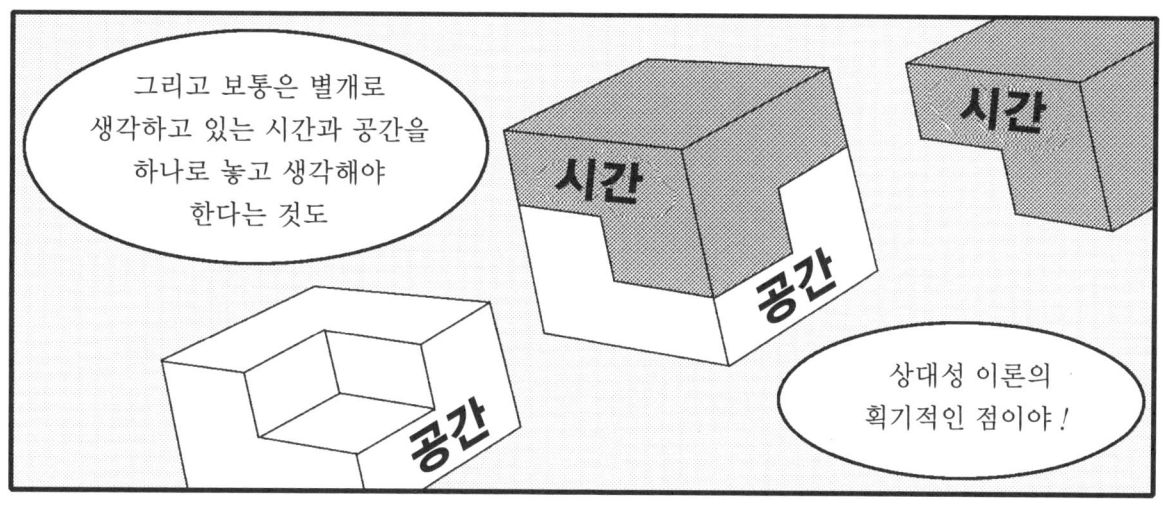

2. 빠르게 운동하면 무거워진다?

"우주 같은 무중력 공간에서 무게는 0이 되어도 질량은 변하지 않는다는 거네요."

"그렇지."

"감각적으로도 알고 있을 거라고 생각하지만 질량이 큰 물체일수록 움직이기 힘들게 되지."

"뉴턴의 운동 방정식에서는 속도가 늘어나는 정도인 가속도와 물체의 질량은 반비례하지."

"그러고 보니 그랬네요…"

뉴턴의 운동 3법칙

제1법칙	관성의 법칙	힘이 가해지지 않은 물체는 정지 또는 등속 직선 운동을 계속한다.
제2법칙	운동 방정식	물체의 가속도는 가해진 힘에 비례하고 질량에 반비례한다.
제3법칙	작용·반작용의 법칙	물체에 힘을 가하면 힘을 가한 물체에서 같은 크기이면서 방향이 반대인 힘이 가해진다.

"다시 말해서!"

"?"

발사

뽕

쌰아!

쿠구구구구구구궁

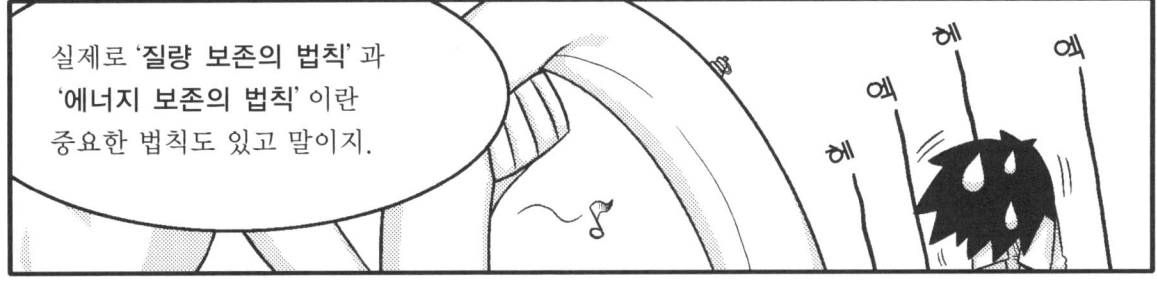

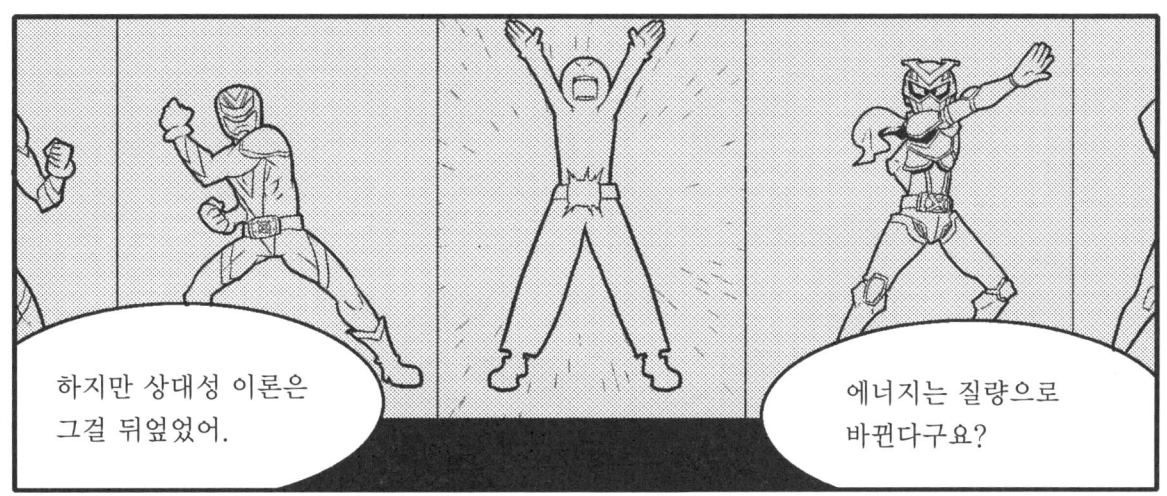

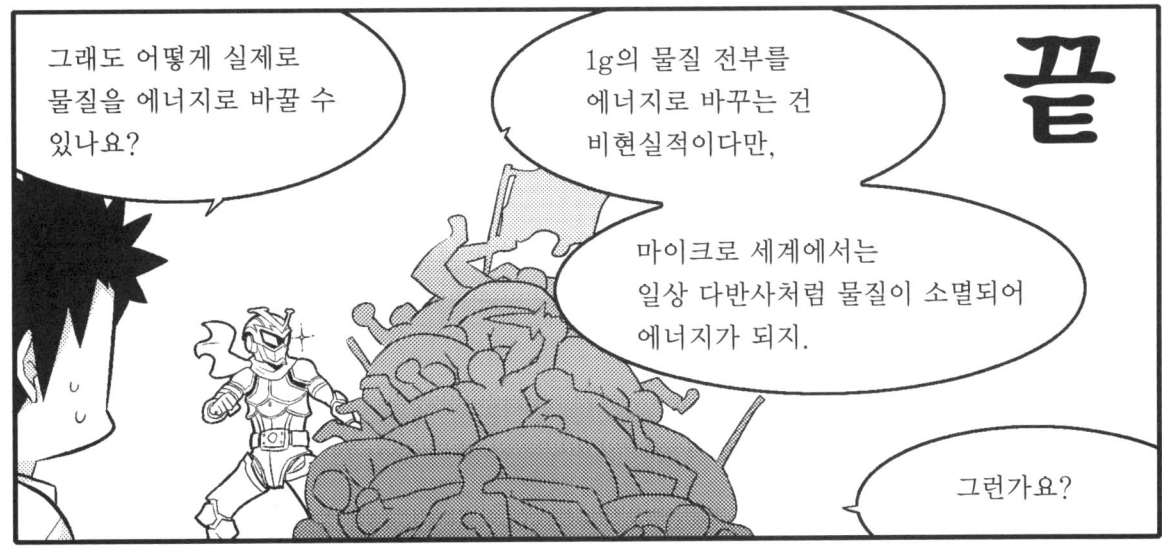

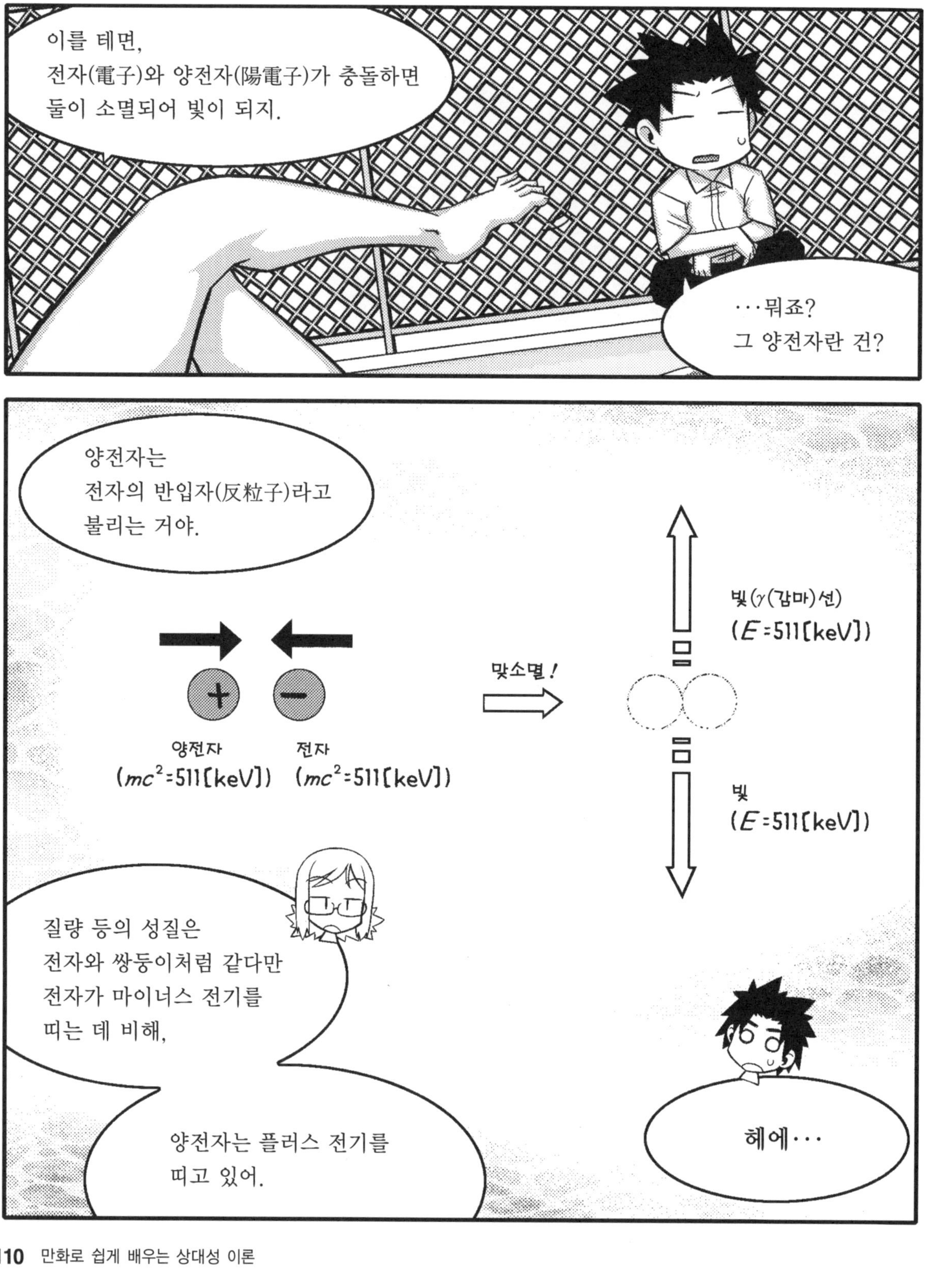

소멸된 전자와 양전자의 질량을 $E=mc^2$의 질량 에너지로 환산한 것과 같은 에너지가 γ(감마)선이라는 빛이 되어 살아난다고.

그렇구나!

보충 학습

【길이가 줄어드는 것을 식으로 나타낸다(로렌츠 수축)】

길이가 줄어드는 것을 식으로 나타내 보겠습니다.
이 경우 아래와 같이 로켓이 속도 v의 일정 속도로 날아가고 있다고 가정합니다.

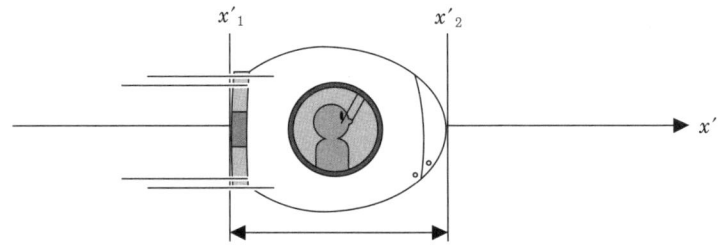

〈그림 3.1〉 로켓에 타고 있는 사람이 로켓의 맨 앞과 맨 뒤의 위치를 측정

로켓에 타고 있는 사람이 로켓의 맨 앞과 맨 뒤의 위치를 측정하면 맨 앞은 x'_2, 맨 뒤는 x'_1이 됩니다.
따라서 로켓의 길이는 $l_0 = x'_2 - x'_1$이 됩니다.
그런데 이 상황을 로켓의 밖(예를 들어, 우주 정거장)에서 관측하면

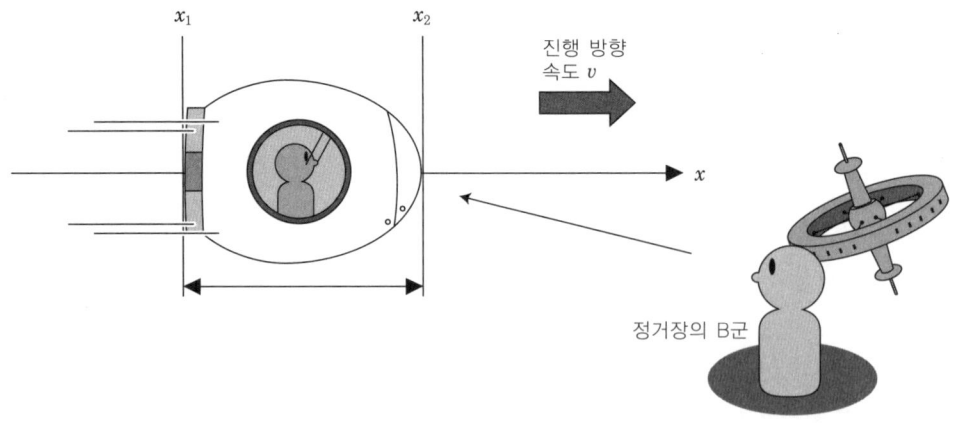

〈그림 3.2〉 정거장에서 보면

이것을 앞의 보충 학습에서 설명한 로렌츠 변환으로 풀어 보겠습니다.

로렌츠 변환 $x' = \dfrac{x - vt}{\sqrt{1 - \left(\dfrac{v}{c}\right)^2}}$ 을 사용하여

$$x'_1 = \dfrac{x_1 - vt_1}{\sqrt{1 - \left(\dfrac{v}{c}\right)^2}}$$

$$x'_2 = \dfrac{x_2 - vt_2}{\sqrt{1 - \left(\dfrac{v}{c}\right)^2}}$$

이 됩니다.

여기서 로켓의 밖에서 관측한 로켓의 길이를 $l = x_2 - x_1$이라고 하면

$$l_0 = x'_2 - x'_1 = \dfrac{x_2 - vt_2}{\sqrt{1 - \left(\dfrac{v}{c}\right)^2}} - \dfrac{x_1 - vt_1}{\sqrt{1 - \left(\dfrac{v}{c}\right)^2}} = \dfrac{(x_2 - x_1) - (t_2 - t_1)v}{\sqrt{1 - \left(\dfrac{v}{c}\right)^2}}$$

동시에 측정하는 것이므로 $t_2 = t_1$으로부터 $t_1 - t_2 = 0$이 되며

$$l_0 = \dfrac{(x_2 - x_1) - (t_2 - t_1)v}{\sqrt{1 - \left(\dfrac{v}{c}\right)^2}} = \dfrac{(x_2 - x_1)}{\sqrt{1 - \left(\dfrac{v}{c}\right)^2}} = \dfrac{l}{\sqrt{1 - \left(\dfrac{v}{c}\right)^2}}$$

이 됩니다.

따라서

$l = l_0 \sqrt{1 - \left(\dfrac{v}{c}\right)^2}$ 이 되며, $\sqrt{1 - \left(\dfrac{v}{c}\right)^2} < 1$이므로 $l < l_0$이 됩니다.

【수명이 늘어나는 뮤온(muon)】

시간이 늘어나거나 길이가 줄어든다는 말은 탁상공론이 아닙니다. 실제로 매일 시간이 느려지는 것이 관측되고 있습니다.

매일 지구에는 우주에서 많은 우주선(宇宙線)이 쏟아져 내리고 있습니다. 우주선이란 에너지가 큰 소립자(素粒子)입니다. 이러한 우주선이 지구의 대기 위쪽에서 공기의 분자와 충돌하면 어떤 확률로 뮤온(muon : 뮤온 입자)이 발생한다는 것을 알 수 있습니다. 뮤온이란 소립자의 일종으로 전자와 비슷한 소립자를 말합니다. 뮤온의 수명은 정지하고 있는 지상의 실험에서는 약 100만 분의 2초 정도입니다. 그러므로 지상에서 수십~수백 km 떨어진 대기의 상층부에서 뮤온이 발생한 경우 뮤온이 광속도에 한없이 가까운 속도로 날아온다 해도 $300,000 km/s \times (2/1,000,000 s) = 0.6 km$밖에 날 수 없습니다. 지상까지는 도달할 수 없는 것입니다. 하지만 뮤온은 지상에서 잘 관측됩니다. 이것은 뮤온의 수명이 상대성 이론보다 늘어나 있기 때문입니다. 이것은 지상의 실험실에서도 광속도에 가까운 뮤온에서 확인되고 있습니다.

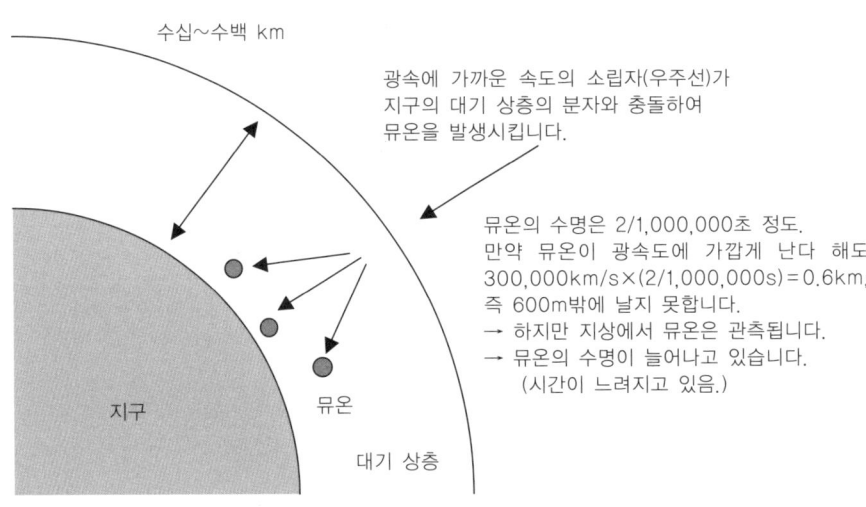

〈그림 3.3〉 뮤온의 수명

또한, 길이가 줄어든다는 개념을 뮤온에 적용해 보겠습니다.

앞의 이야기에서 뮤온의 시간이 느려지므로(수명이 늘어남) 뮤온이 지상에서도 관측된다는 것을 알 수 있습니다.

하지만 광속도에 가까운 속도로 운동하고 있는 뮤온에서 보면 자신의 수명은 늘어나지 않고 100만 분의 2초 그대로인데, 여기서 돌입하는 지상까지의 거리가 〈그림 3.4〉와 같이 줄어듭니다.

그러므로 나아가는 거리가 짧아지므로 짧은 수명으로도 뮤온은 지상에 도달할 수 있는 것입니다. 수십 km가 0.6km로 줄어들면 도달할 수 있겠죠.

이것은 지상에서 본 뮤온의 시간이 느려지지 않는다는 것은 아닙니다. 지상에서 떨어져 오는 뮤온에서 보면 지상까지의 거리가 줄어든다는 것으로서 보는 입장이 다르다는 것을 말하고 있습니다.

이와 같이 상대성 이론에 의하면 시간뿐만 아니라 공간도 함께 변화합니다.

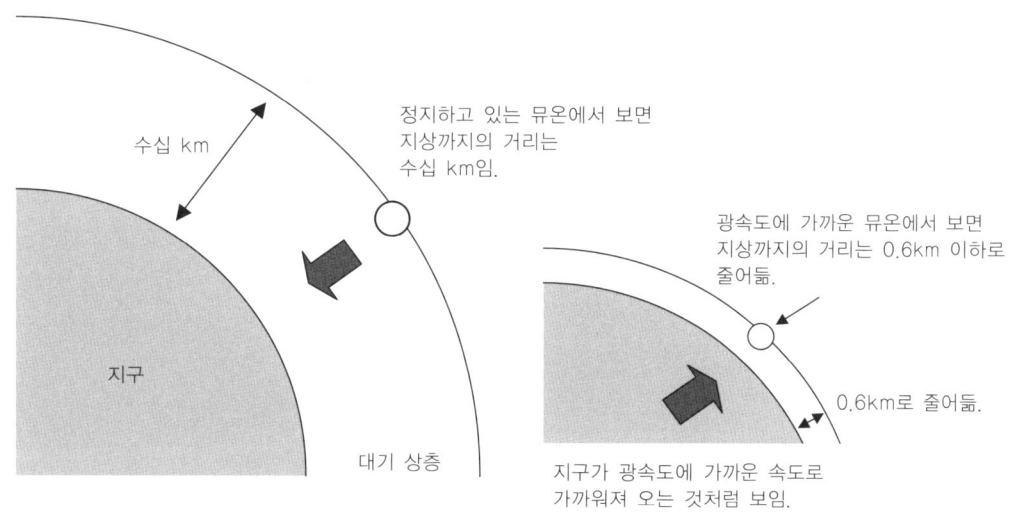

〈그림 3.4〉 거리도 줄어든다

【운동하고 있을 때의 질량】

운동하고 있는 경우의 질량을 생각할 때에는 로렌츠의 변환과 운동 방정식을 생각할 수 있습니다. 상대성 이론 이전의 경우를 복습합니다.

상대성 이론 이전에는 운동을 생각할 경우 다음과 같은 갈릴레이 변환과 뉴턴의 운동 방정식으로 충분하다고 생각했습니다.

- 갈릴레이 변환 : 속도 v로 이동하는 좌표계 간의 변환

$$x' = x - vt$$
$$t' = t$$

■ 뉴턴의 운동 방정식

$$f = ma = m\frac{d^2x}{dt^2}$$

여기서, m은 질량, a는 가속도로 $a = \frac{d^2x}{dt^2}$입니다.

그런데 상대성 이론 이전에는 갈릴레이의 상대성 원리로부터 운동하고 있는 상황이나 정지하고 있는 상황 모두 물리 법칙은 똑같이 관측된다고 했습니다.

즉, 엘리베이터 안에서 공을 던져 올리거나 일정 속도로 이동 중인 엘리베이터 안에서 공을 던져 올리거나, 공은 똑같이 위·아래로 운동하며 손으로 돌아옵니다.

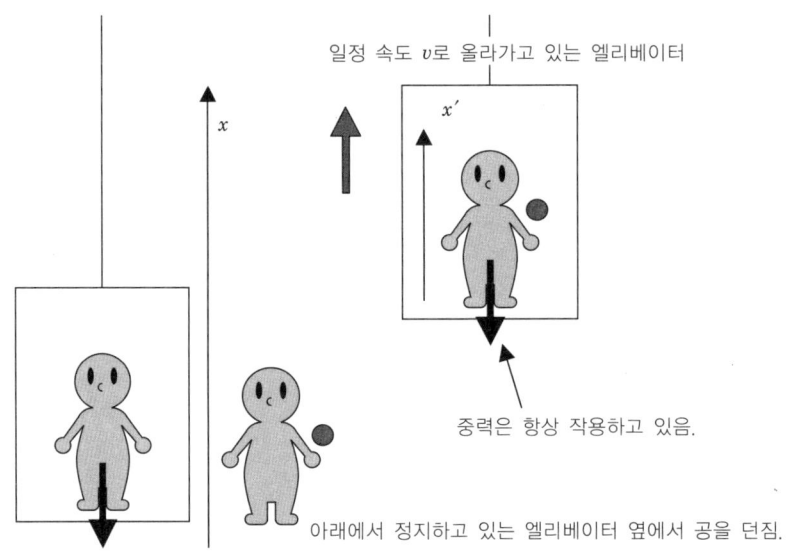

〈그림 3.5〉 일정 속도로 운동하고 있는 엘리베이터

이것을 위의 운동 방정식으로 보면 x와 x'를 엘리베이터의 운동 방향으로 취할 경우 엘리베이터 안에서 x' 방향으로 운동하는 공의 속도는

$$\frac{dx'}{dt'}$$

입니다.

여기서, 갈릴레이 변환 $x' = x - vt$를 대입하면

$$\frac{dx'}{dt'} = \frac{d}{dt'}(x-vt) = \frac{dx}{dt'} - v\frac{dt}{dt'} = \frac{dx}{dt} - v$$

가 됩니다.

여기서 $dt' = dt$로부터 $\frac{dt'}{dt} = 1$의 관계를 사용했습니다.

이것을 다시 미분하면

$$\frac{d^2x'}{dt'^2} = \frac{d}{dt}\left(\frac{dx}{dt} - v\right) = \frac{d^2x}{dt^2}$$ 가 됩니다.

여기서 공에 걸리는 힘은 중력이므로 중력을 g라고 하면

$$g = f = ma = m\frac{d^2x}{dt^2}$$

여기서 a'를 일정 속도로 운동하고 있는 엘리베이터 내에서의 가속도, f'를 힘이 g라 하면

$$m\frac{d^2x}{dt^2} = m\frac{d^2x'}{dt'^2} = ma' = f' = g$$

가 되어 운동 방정식의 형태는 달라지지 않습니다.

이와 같이 운동 방정식의 형태가 달라지지 않는 것이 바로 물리 법칙이 같아진다는 의미 입니다.

이번에는 위의 사실을 로렌츠 변환으로 생각해 보겠습니다.

■ 로렌츠 변환

$$x' = \frac{x - vt}{\sqrt{1 - \left(\frac{v}{c}\right)^2}}$$

$$t' = \frac{t - \frac{v}{c^2}x}{\sqrt{1 - \left(\frac{v}{c}\right)^2}}$$

로렌츠 변환은 시간 t와 공간 x가 뒤섞인 형태로 되어 있습니다.

그래서 ct라는 형태에서 단위의 차원을 합쳐서 ($c[\text{m/s}] \times t[\text{s}] = ct[\text{m}]$), 네 가지를 동등한 변수로 하는 조합을 생각해 보겠습니다.

$(ct, x, y, z) \leftrightarrow (ct', x', y', z')$: 로렌츠 변환에 의해 서로 변환됨.

시간과 공간이 함께 변환한다는 것은 바로 이 상황을 말합니다.

이 개념에서 운동 방정식을 로렌츠 변환해도 형태가 달라지지 않도록 확장하면 뉴턴 역학에서는 정수라고 생각해 온 '질량'도

$$m = \frac{m_0}{\sqrt{1-\left(\frac{v}{c}\right)^2}}$$

와 같이 로렌츠 변환과 비슷한 형태로 표현되는 것을 알 수 있습니다.

여기서, m_0는 '정지 질량'이라는 것으로서 정지하고 있는 좌표계($v=0$)로 잰 질량입니다.

【에너지와 질량의 관계】

마찬가지로 로렌츠 변환에 맞춘 형태에서 에너지에 대해 생각하면

$$E = \frac{m_0 c^2}{\sqrt{1-\left(\frac{v}{c}\right)^2}}$$

이라는 형태로 표현됩니다. 여기서 앞에 나온

$$m = \frac{m_0}{\sqrt{1-\left(\frac{v}{c}\right)^2}}$$

의 관계를 사용하면 유명한 $E=mc^2$ 이라는 에너지와 질량의 관계를 도출할 수 있습니다.

그런데 $|x| \ll 1$인 경우 $(1+x)^a \cong 1+ax$라는 근사식을 $(v/c) \ll 1$의 조건(속도 v가 광속도에 비해 충분히 작음)으로 사용하면

$$E = \frac{m_0 c^2}{\sqrt{1-\left(\frac{v}{c}\right)^2}} = m_0 c^2 \left[1-\left(\frac{v}{c}\right)^2\right]^{-\frac{1}{2}} \cong m_0 c^2 \left[1+\frac{1}{2}\left(\frac{v}{c}\right)^2\right] = m_0 c^2 + \frac{1}{2} m_0 v^2$$

이 됩니다.

이것은 뉴턴 역학에서의 상황을 나타내며 $(1/2)m_0 v^2$은 운동 에너지에 해당합니다. 그리고 $m_0 c^2$이 정지 에너지라는 것입니다.

즉, 물질은 정지해 있어도 이만큼의 에너지 덩어리라는 것입니다.

【빛은 무질량?】

운동하고 있을 때의 질량을 나타내는 식

$$m = \frac{m_0}{\sqrt{1-\left(\frac{v}{c}\right)^2}}$$

에서 속도 v가 광속도 c가 되면 ($v=c$), 분모가 0이 되어 질량이 무한대가 되어 버리므로 질량을 가진 물체는 광속도까지 가속할 수 없다는 것을 알 수 있습니다.

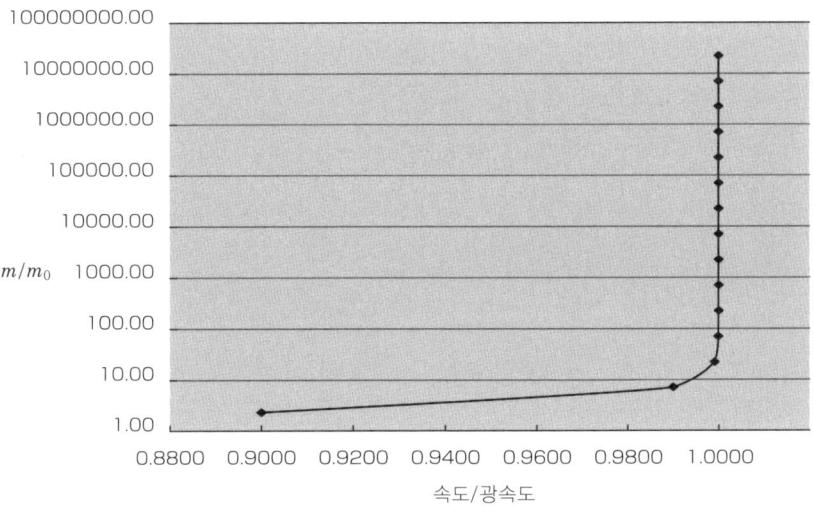

〈그림 3.6〉 질량과 속도의 관계

그럼 광속도로 나아가는 빛은 어떻게 될까요? 위의 정지 질량 m_0가 '0'이라고 생각할 수 있습니다.

반대로 정지 질량이 0인 빛은 광속도 이하로는 나아가지 않습니다.

진공 중의 빛은 항상 광속도로 나아가고 있습니다.

제4장

일반 상대성 이론이란 어떤 거지?

1. 등가 원리

즉, 관성의 법칙에
몸이 따르고 있기 때문인 거야.

그때 느끼는 힘을
'관성력'이라고 불러.

이 관성력은
전차 안에 있는 사람만
느낄 수 있어.

전차 밖의 승강장에 있는
사람은 이 관성력이 느껴지지
않지.

마찬가지로 전차가 감속할 경우에도
관성력이 감속 방향과 반대로 느껴져.

이것도, 방금까지의 몸의 속도를
유지하려고 해서 몸이 앞으로 쏠린다는 걸
알 수 있겠지?

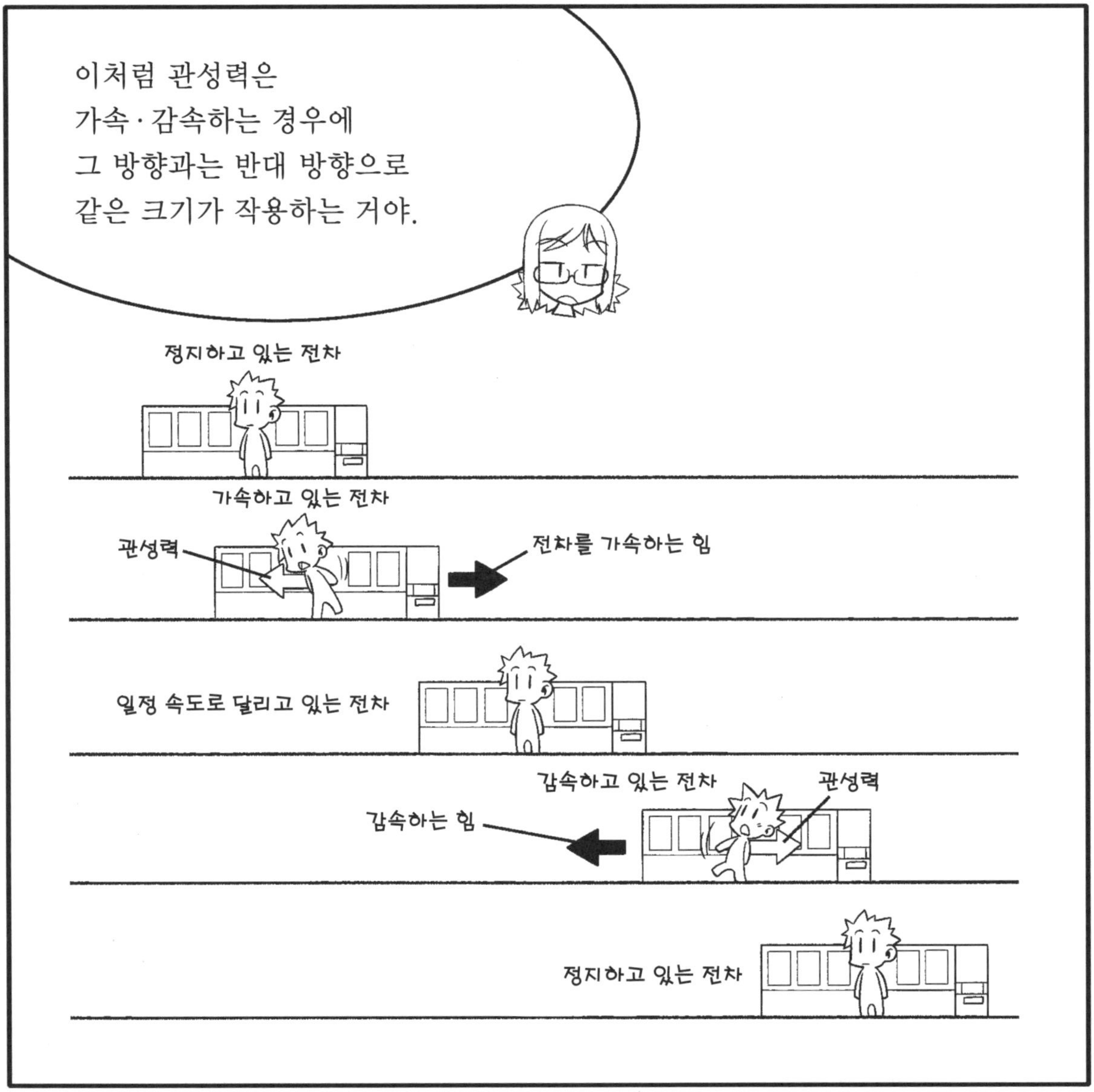

이처럼 관성력은
가속·감속하는 경우에
그 방향과는 반대 방향으로
같은 크기가 작용하는 거야.

정지하고 있는 전차

가속하고 있는 전차
관성력 ← → 전차를 가속하는 힘

일정 속도로 달리고 있는 전차

감속하고 있는 전차 관성력
감속하는 힘 ←

정지하고 있는 전차

다음은 엘리베이터를 예로 들어서 중력도 같이 작용하는 경우를 생각해 보자고.

엘리베이터 인가요···

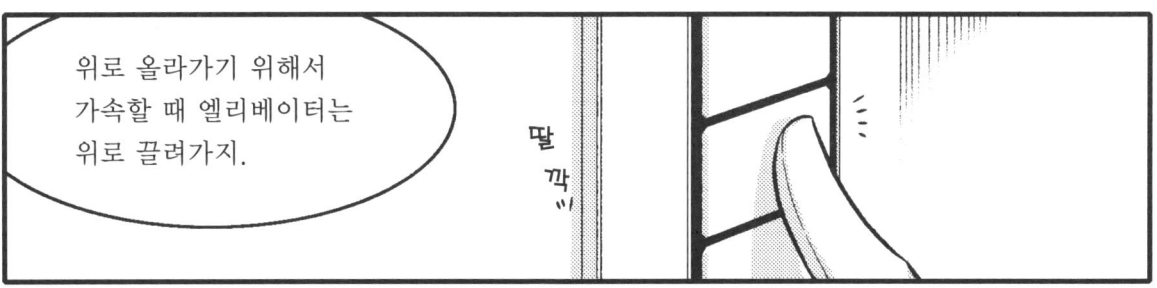

사람은 중력과 같은 방향으로 관성력을 추가로 느끼기 때문에 자기 몸무게가 더 무거워진 것처럼 느끼게 되는 거네요~!

그렇구나!

그리고 일정 속도로 올라가고 있는 동안은 중력만 가해지기 때문에 평상시의 몸무게를 느끼지.

이때에는 속도가 일정하므로 관성력은 작용하지 않아.

어엇

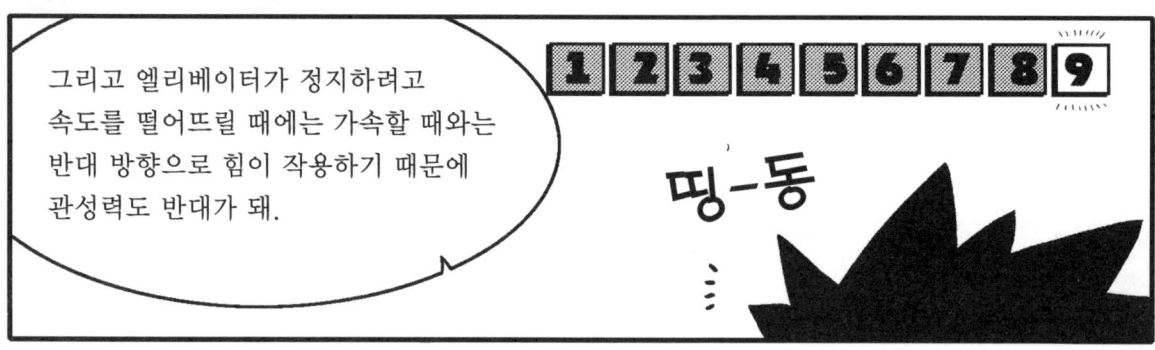

그리고 엘리베이터가 정지하려고 속도를 떨어뜨릴 때에는 가속할 때와는 반대 방향으로 힘이 작용하기 때문에 관성력도 반대가 돼.

띵-동

제4장 일반 상대성 이론이란 어떤 거지?

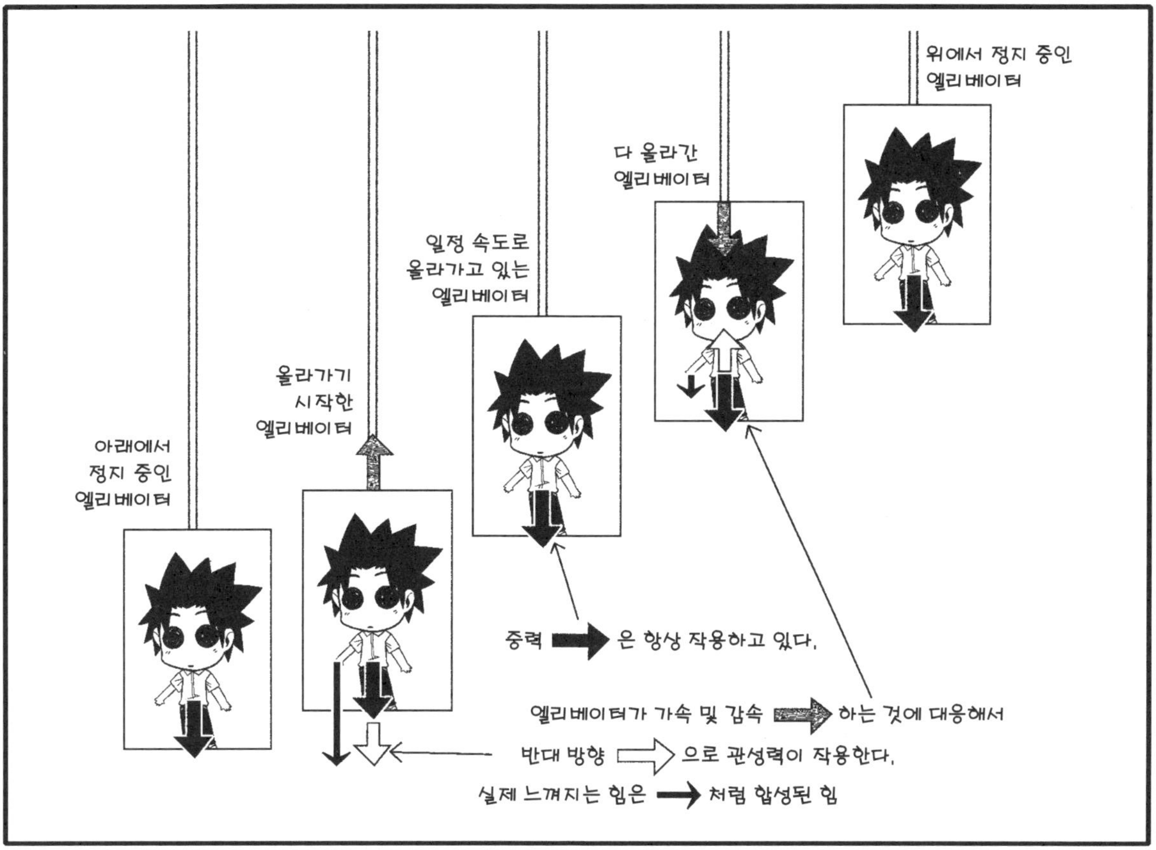

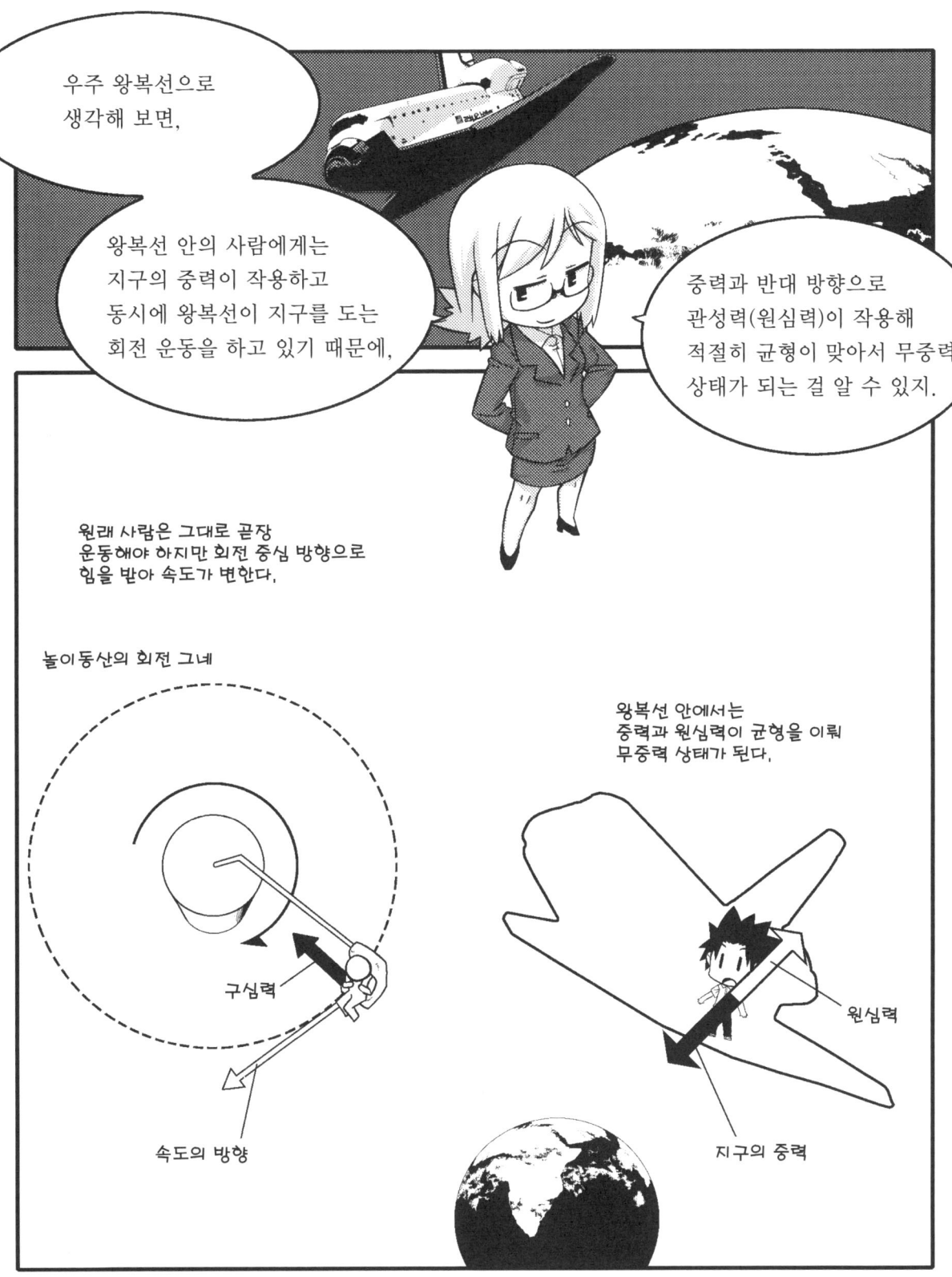

지상에서 중력을 받아 정지하고 있는 상태와 구별이 되지 않는다는 소리야. 중력과 관성력은 같은 것처럼 보이겠지.

이것을 '등가 원리'라고 부르고 아까 말했듯이 아인슈타인이 일반 상대성 이론을 고안할 때 기초가 된 원리야.

이 점을 역으로 생각해 보면 중력도 없앨 수 있어.

…그렇다는 말씀은?

아까 로켓이 그대로 지구 위로 왔다고 하자.

지구의 중력권 내를 비행하고 있으면 당연히 타고 있던 미나기에게도 중력이 걸리지.

그건 그렇네요.

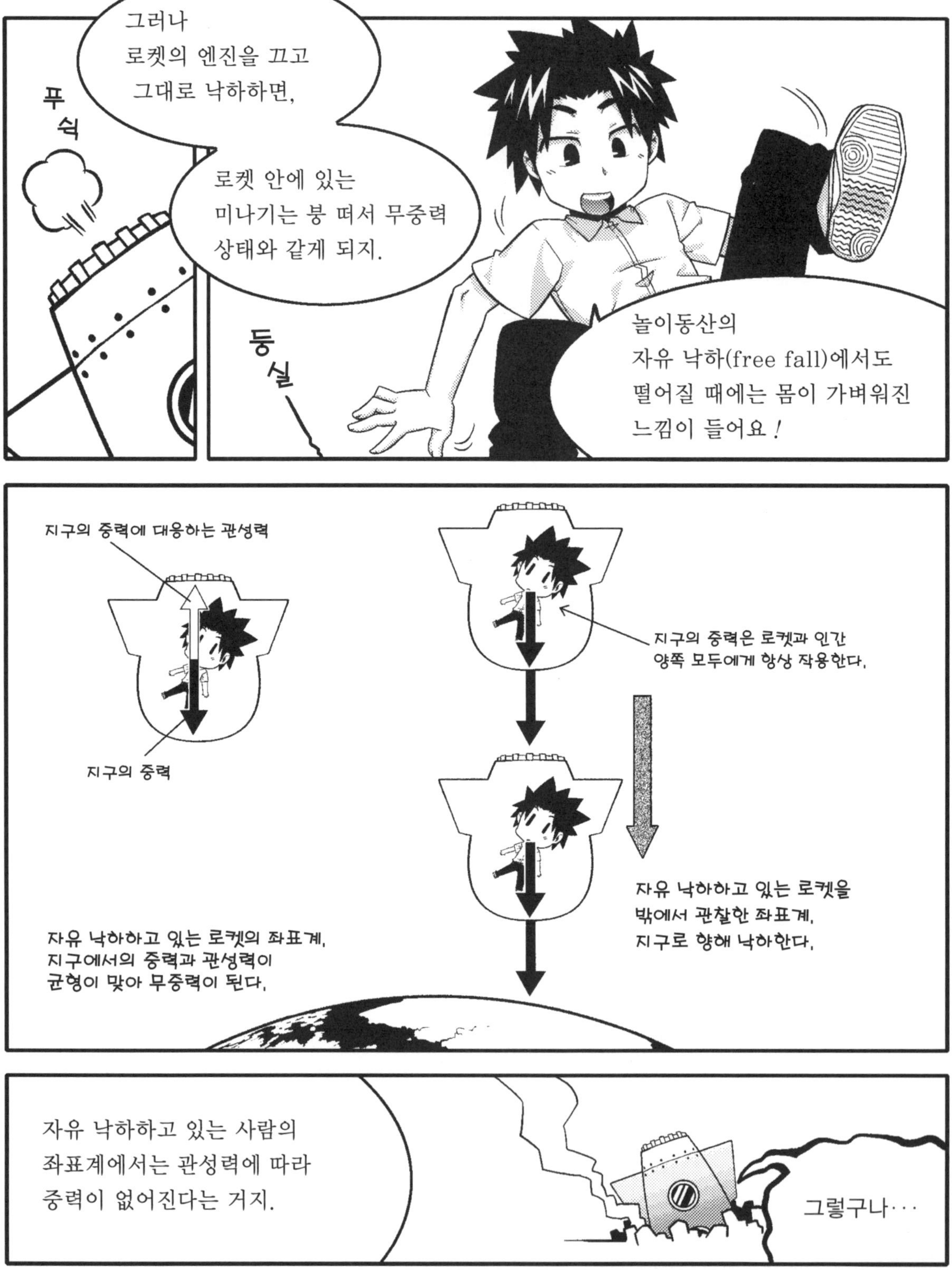

2. 중력에 의해 휘는 빛

그럼 공 대신에 빛을 쏘면 어떨까?

그것도 지구에 있는 사람이 관측하면 공과 마찬가지로 휘어서 관측되는 거야.

아…그렇다는 건 이게 바로!

그래! 이게 중력에 의해 빛이 휜다는 거야.

으음, 그래도요.

일단 듣고 있으면 확실히 그런 거 같네라고 생각하긴 하지만 뭔가 석연치 않네요…

여기서 중요한 건,

로켓 안에서는 똑바로 나가는 빛이 지구에서 보면 휘어져 보인다는 점이야.

…흠?

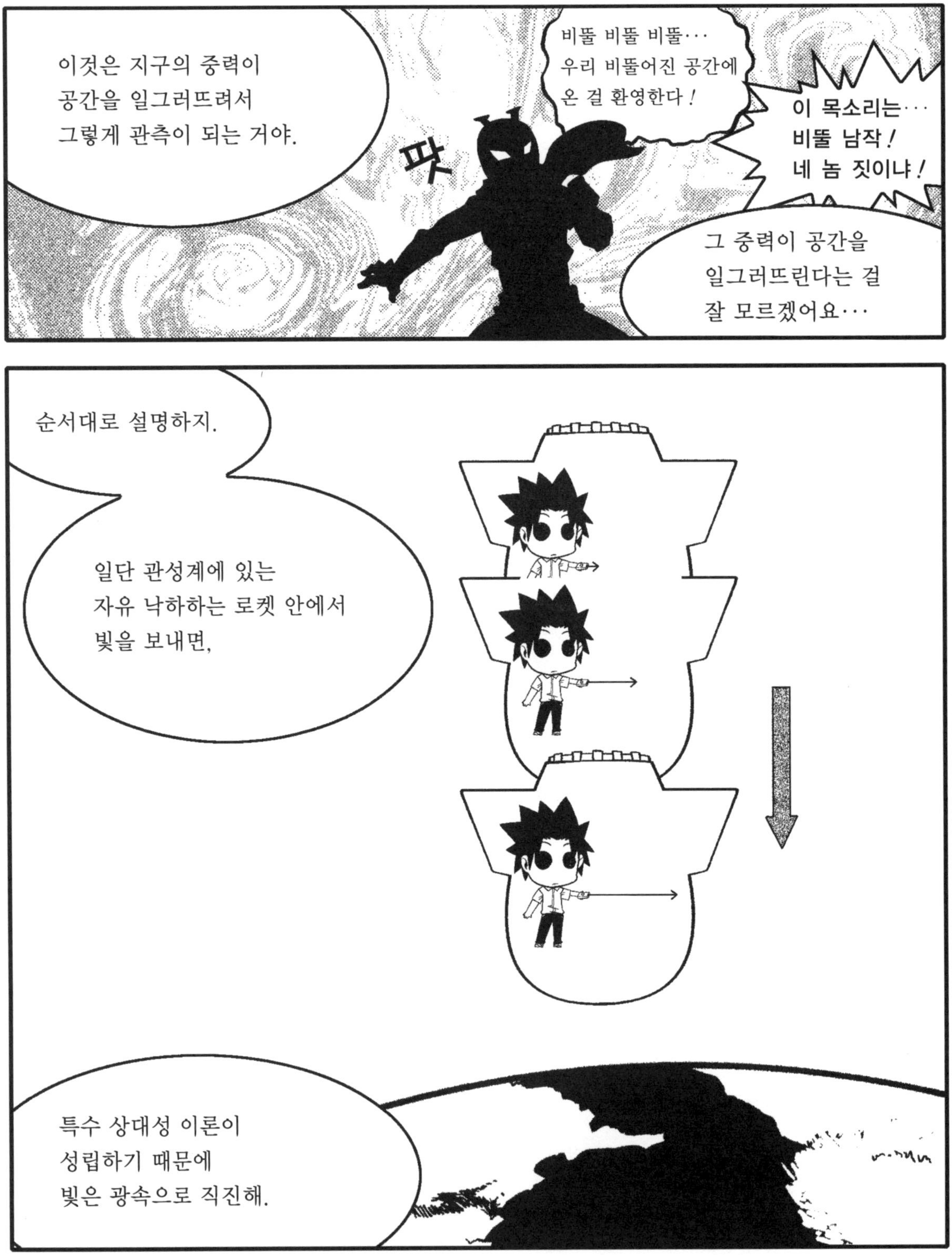

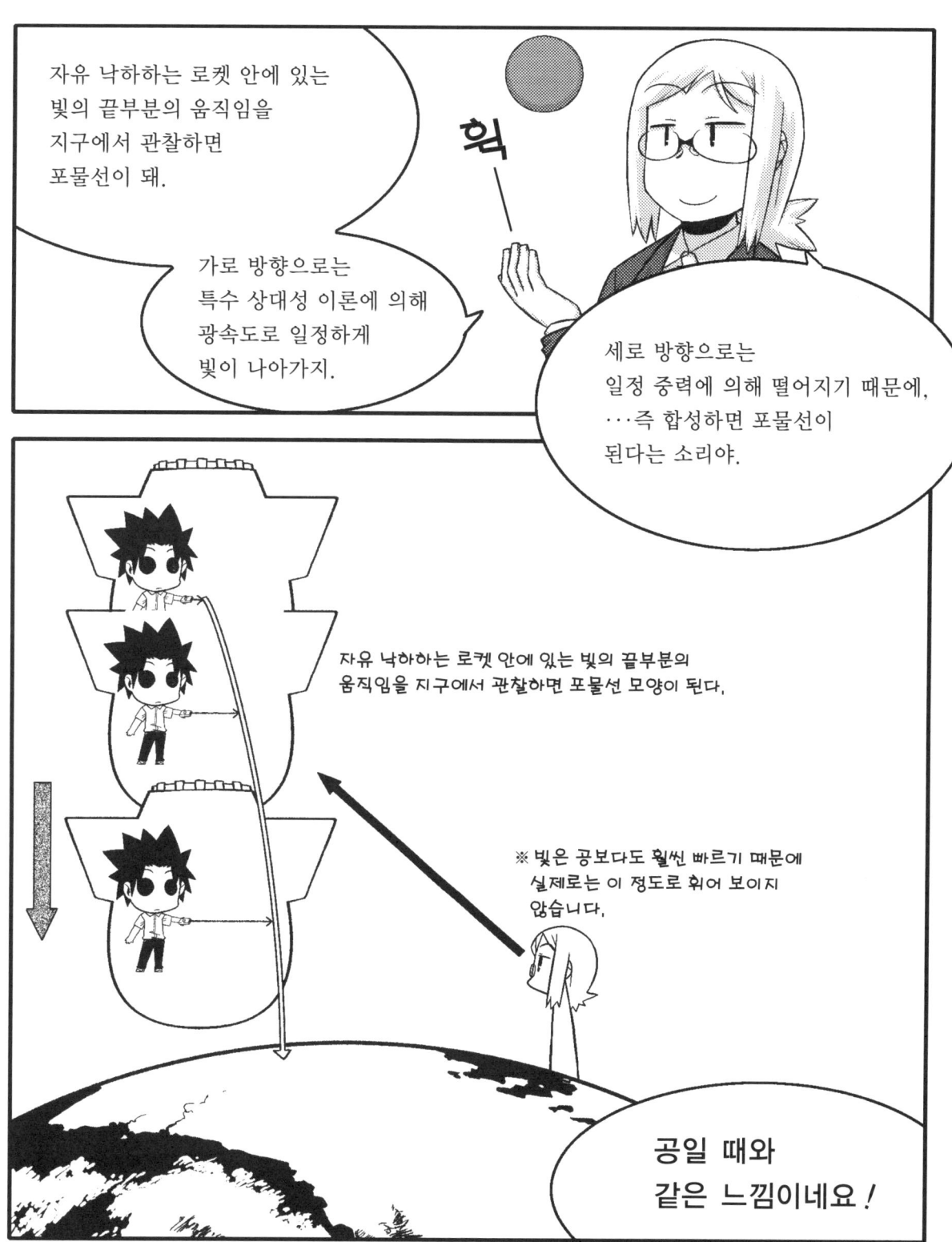

자유 낙하하고 있는 로켓 안에서 빛은 관성계에서의 시공의 최단 거리, 즉 직선으로 움직여.

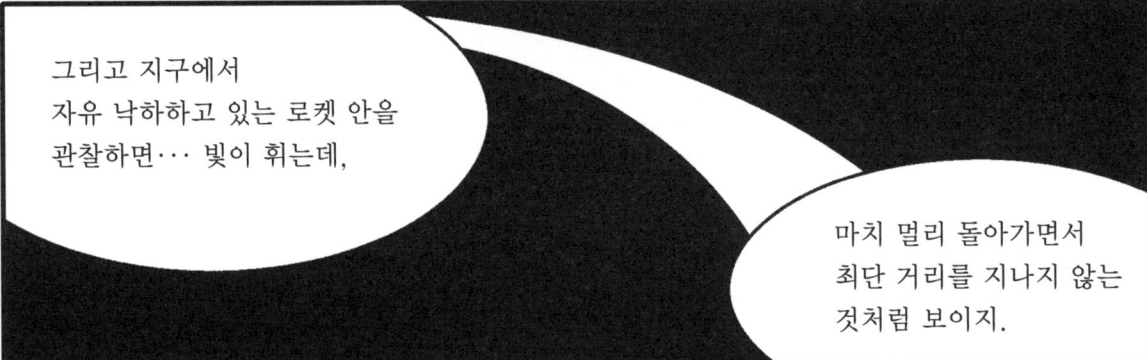
그리고 지구에서 자유 낙하하고 있는 로켓 안을 관찰하면… 빛이 휘는데,

마치 멀리 돌아가면서 최단 거리를 지나지 않는 것처럼 보이지.

로켓 안에서 관측한 경우와 지구에서 관측한 경우 빛의 진행 속도가 다르게 보인다는 건가요?

그렇다…만,

일반 상대성 이론이라면 빛이 시공의 최단 거리를 진행한다는 물리 현상은,

관찰하는 입장마다 달라질 리가 없다고 하고 있어.

쿠웅

모순 아닌가요?!

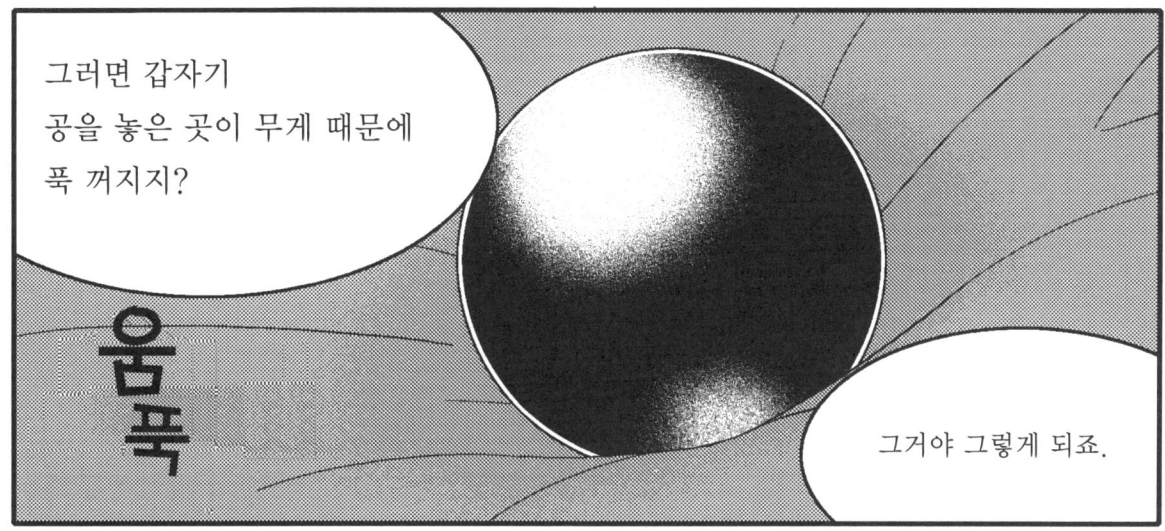

3. 중력에 의해 느려지는 시간

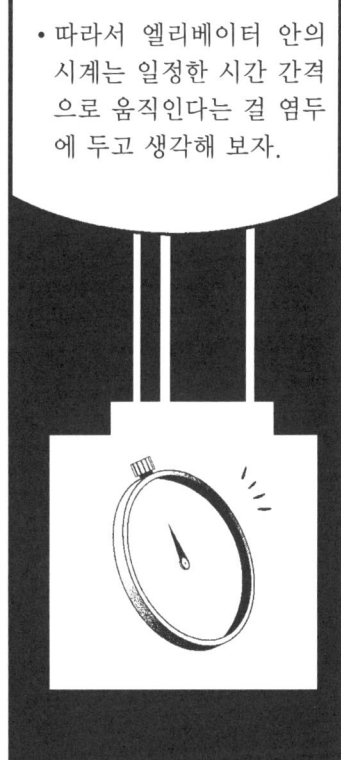

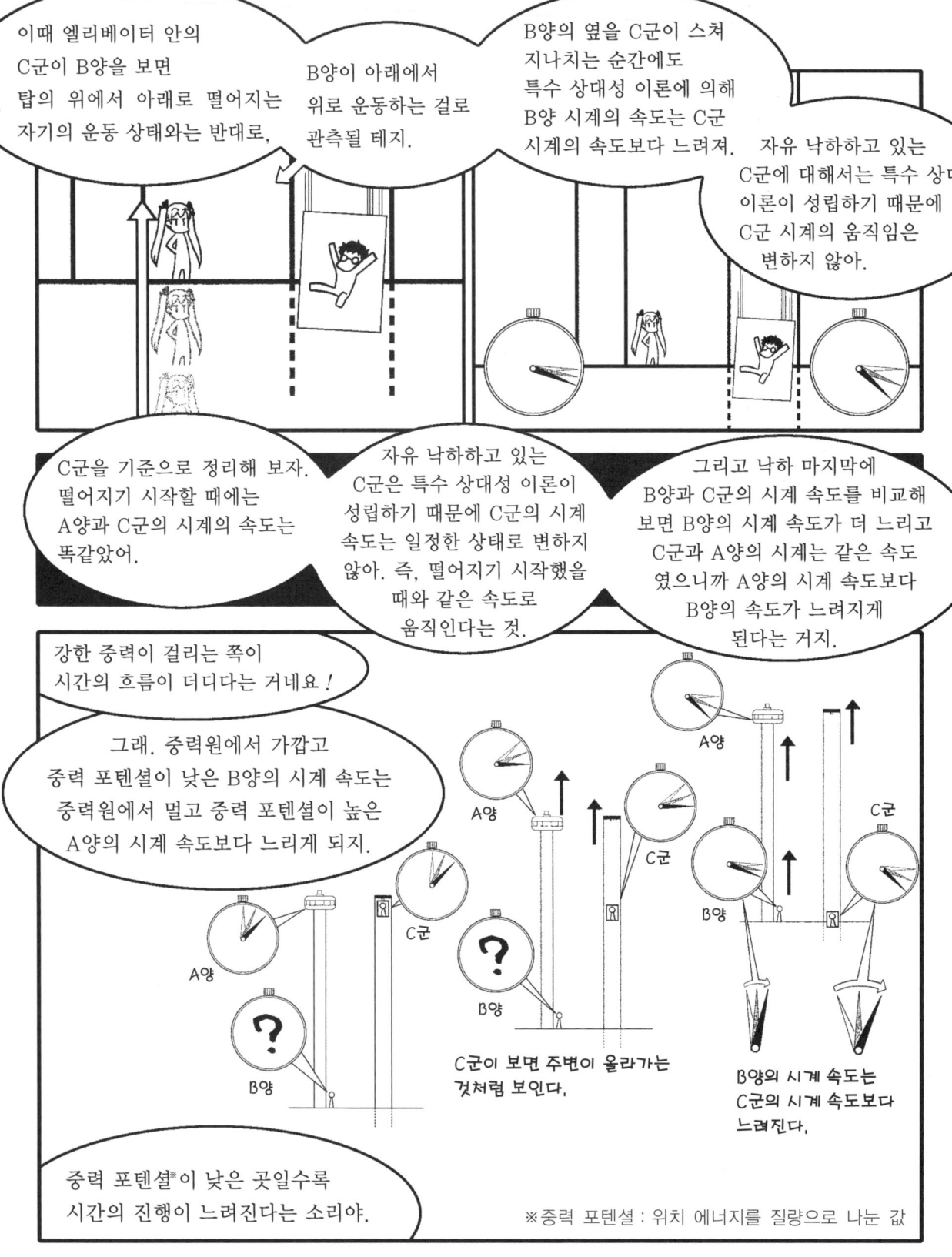

4. 상대성 이론과 우주

물질에 대해 단순히 물질을 담고 있는 것으로만 생각했던 시간과 공간

즉, 시공이라는 것이

물질과 함께 고려하지 않으면 안 될 상호 작용하는 관계라는 것을 명확히 했지.

이론은 이해했어도 역시 신기하네요~

이런 생각은 우리 주변의 공간, 즉 우주를 이해하는 방법에도 큰 영향을 끼쳤어.

…그렇다고 해도 현대 우주론은 일반 상대성 이론 없이는 성립하지 않아.

헤에~!

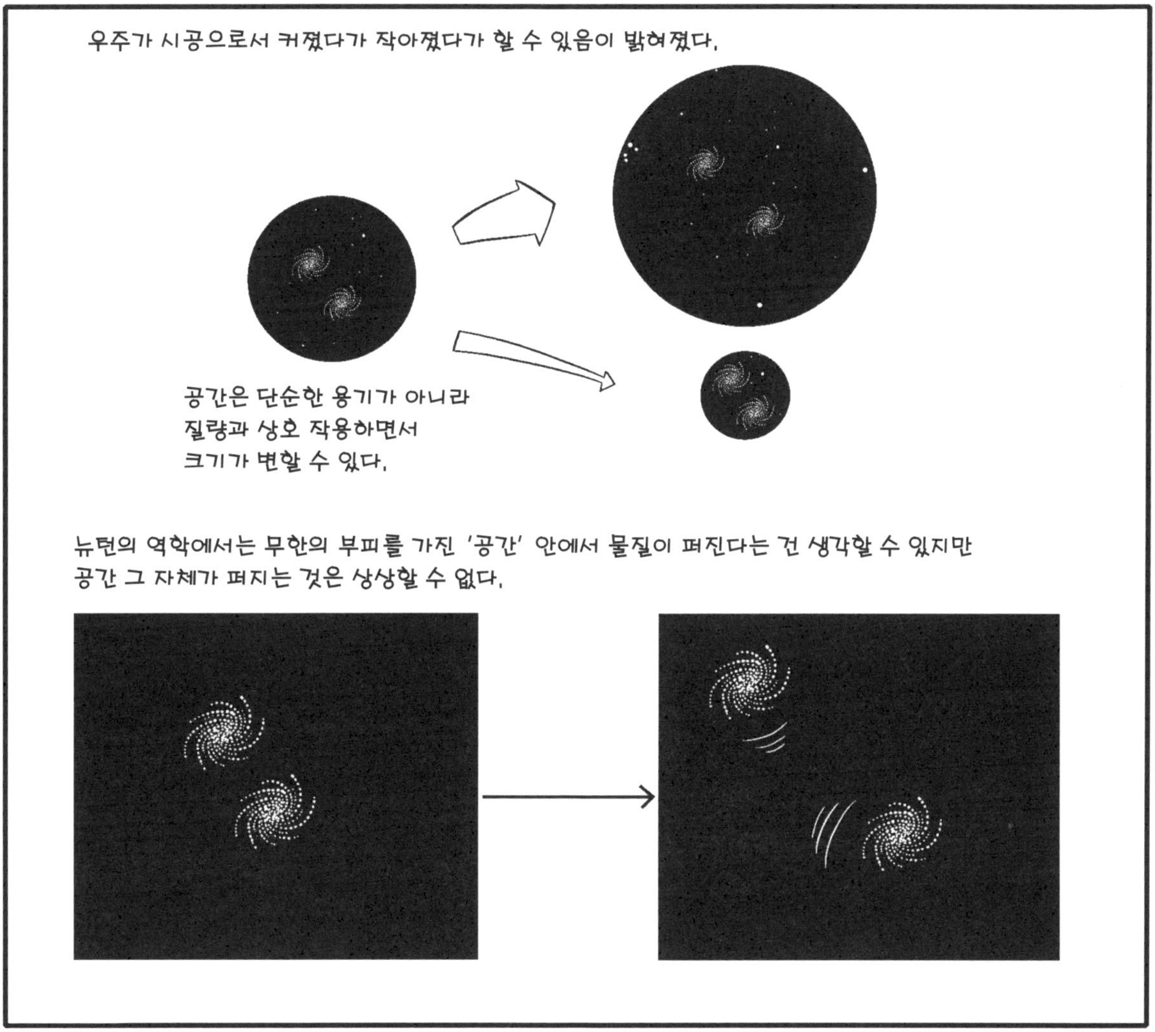

우주가 시공으로서 커졌다가 작아졌다가 할 수 있음이 밝혀졌다.

공간은 단순한 용기가 아니라 질량과 상호 작용하면서 크기가 변할 수 있다.

뉴턴의 역학에서는 무한의 부피를 가진 '공간' 안에서 물질이 퍼진다는 건 생각할 수 있지만 공간 그 자체가 퍼지는 것은 상상할 수 없다.

제4장 일반 상대성 이론이란 어떤 거지?

허블 우주 망원경에 의해 우주가 팽창하고 있음이 확실히 밝혀지고…

거기에서 "우주의 기원은 빅뱅이라고 불리는 한 점에서의 대폭발로부터 시작되었다"고 하는

빅뱅 우주론이 탄생한 거야.

허블 우주 망원경에 의해 우주는 팽창하고 있음이 관측된다. 우주 안의 은하 간 거리가 넓어지고 있음을 관측했다.

위의 관측으로부터 우주의 기원은 한 점에서의 대폭발(빅뱅)로부터 시작되었다는 빅뱅 우주론이 탄생한다.

이름은 들은 적이 있어요! 빅뱅…!

왠지 이렇게 끝내 주는 단어네요!

너, 어린애냐?

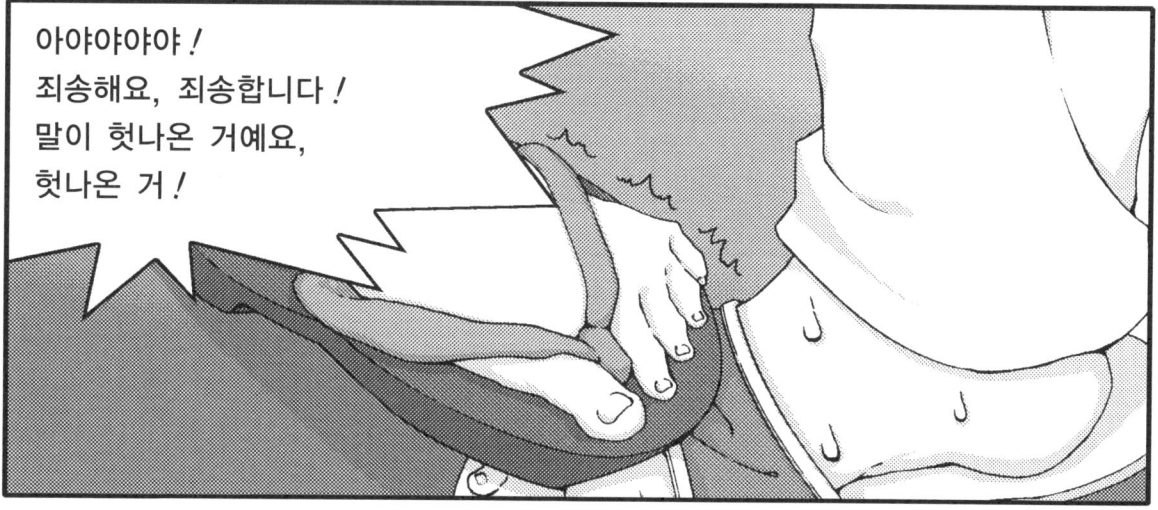

힘내라 ☆ 미나기 상대성 이론

두---둥

미나기…?
상대성 이론?
뭐냐 저건.

팟!

오오오!
스포트라이트가!

플레이~ 플레이~
미-나-기~!

힘내라~ 힘내라~
미-나-기♪

네가
그럴 줄
알았어!!

> 보충 학습

【일반 상대성 이론에서 시간이 느려짐】

일반 상대성 이론에서 '시간이 느려지는 것'을 만화로 한 설명을 바탕으로 식을 조금 사용하면서 살펴보겠습니다.

만화와 마찬가지로 〈그림 4.1〉과 같은 높은 탑 위에 A양, 탑 아래에 B양, 그리고 탑 옆의 엘리베이터 안에 C군이 있다고 하겠습니다.

세 사람은 각각 같은 시계를 가지고 있다고 가정합니다. 단, 중력에 의해 시공이 왜곡되므로 각각의 시각 및 시간의 진행 속도가 맞춰져 있는지는 모릅니다.

그래서 아래의 세 가지 조건에서 중력에 의한 시간의 진행 속도를 조사합니다.

- 자유 낙하 중인 엘리베이터에서는 무중력입니다.
- 그 안에서는 특수 상대성 이론이 성립하므로 엘리베이터 안의 시계는 일정한 시간 간격으로 갑니다.
- 탑 위의 A양과 탑 아래의 B양의 시계는 각각 서로 다른 일정한 시간 간격으로 갑니다.

그리고 아래 순서로 중력에 의한 시간의 진행 속도를 조사합니다.

1. 떨어지기 시작할 때 A양과 엘리베이터 안에 있는 C군의 시계의 진행 속도를 맞춥니다.
2. 낙하가 끝날 때 B양과 엘리베이터 안에 있는 C군의 시계의 진행 속도를 비교합니다.

맨 먼저 A양과 C군은 같은 높이에 있으므로 같은 중력을 받고 있습니다.
그 장소에서의 높이 방향을 z라 하고 중력 포텐셜을 ϕ_1이라고 합니다.
중력 포텐셜이란 포텐셜 에너지(위치 에너지)를 물체의 질량으로 나눈 것을 말합니다. 지구 표면 가까이의 중력의 포텐셜 에너지는 mgh, 중력 포텐셜은 gh가 됩니다.
그래서 A양과 C군의 시각과 시간의 진행 속도를 맞춥니다.
A양이 있는 장소에서의 시간 진행 속도를 $\Delta\tau_1$이라 하고, B양이 있는 장소에서의 시간 진행 속도를 $\Delta\tau_2$라고 합니다.

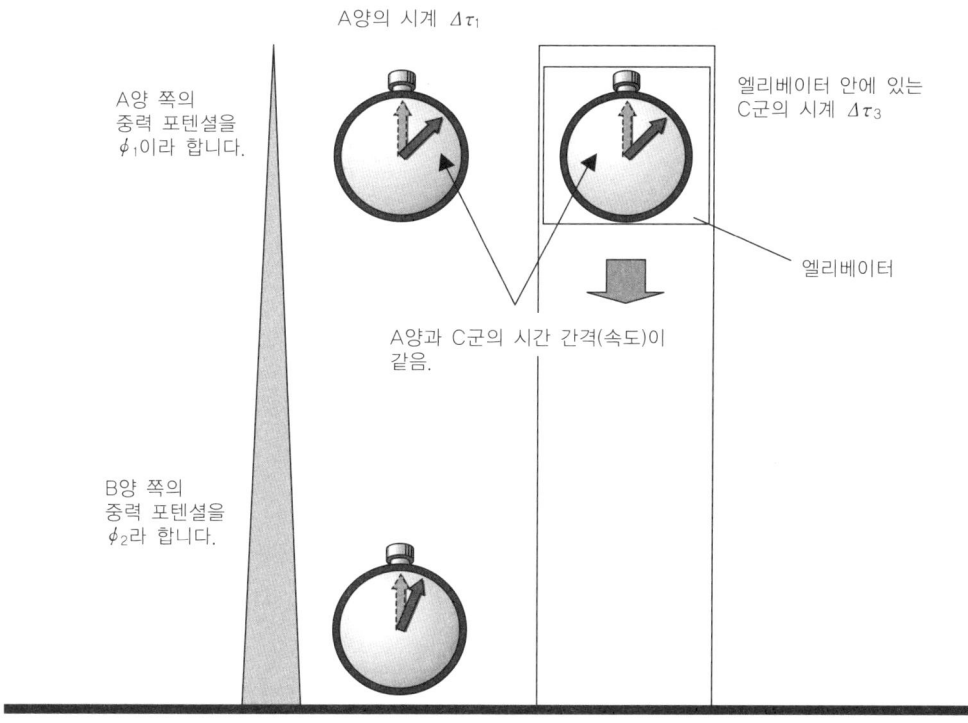

〈그림 4.1〉 떨어지기 시작할 때 A양과 엘리베이터 안에 있는 C군의 시계의 진행 속도를 맞춤.

다음으로 엘리베이터를 매달고 있는 줄이 끊어져 엘리베이터가 자유 낙하하기 시작한다고 가정합니다. 끊어진 직후에 낙하 속도(C군이 볼 때 A양이 위로 날아가는 속도)는 $v=0$이므로 A양과 C군의 시계의 속도는 같습니다.

$$\Delta\tau_1 = \Delta\tau_3 \cdots\cdots\cdots\cdots\cdots\cdots\cdots\cdots\cdots\cdots\cdots\cdots\cdots\cdots (1)$$

엘리베이터는 중력에 끌려 점점 속도를 높여 갑니다.
그리고 엘리베이터는 B양의 옆을 어떤 속도(v)로 통과합니다.
그때 엘리베이터 안의 C군이 B양을 보면 주위에서 본 자신의 운동(탑 위에서 아래로 떨어짐)과 반대로 B양이 아래에서 위로 운동하고 있는 것처럼 관측되는 것입니다.

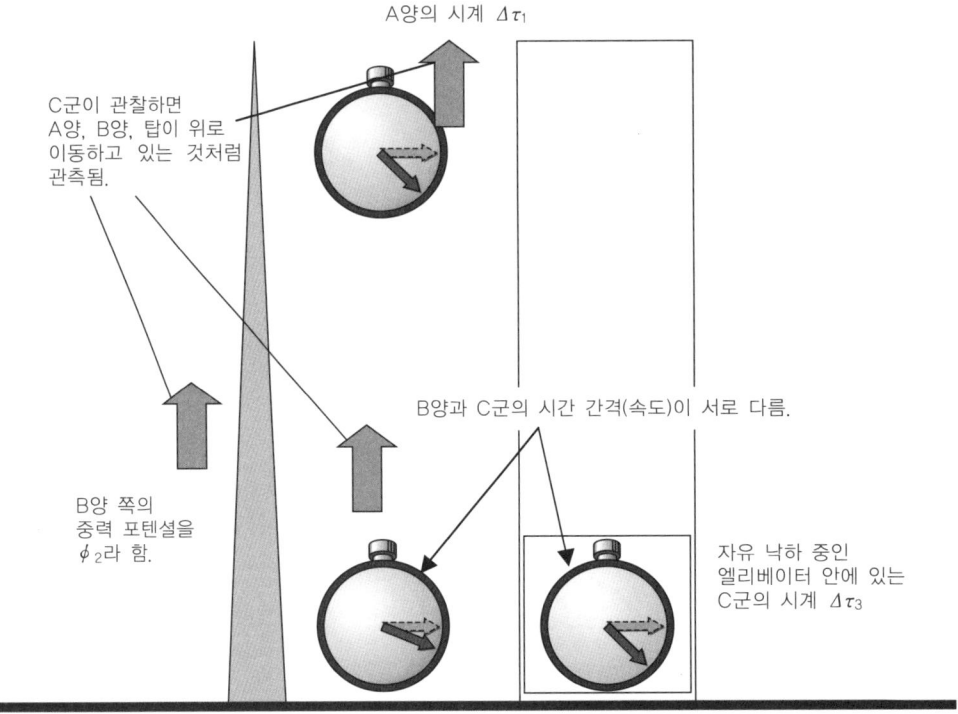

〈그림 4.2〉 낙하가 끝날 때 B양과 엘리베이터 안에 있는 C군의 시계의 진행 속도를 비교함.

B양의 옆을 C군이 스쳐 지나가는 순간에는 특수 상대성 이론에 의해

$$\Delta \tau_2 = \Delta \tau_3 \sqrt{1 - \left(\frac{v}{c}\right)^2} \quad \cdots \cdots \cdots (2)$$

(1)과 (2)로부터 $\Delta \tau_3$을 소거하여

$$\frac{\Delta \tau_2}{\Delta \tau_1} = \sqrt{1 - \left(\frac{v}{c}\right)^2} < 1 \quad \cdots \cdots \cdots (3)$$

이 되며 B양의 시계가 가는 속도는 C군의 시계가 가는 것보다 느려집니다.

그리고 떨어지기 시작할 때 A양과 C군의 시각과 시간 진행 속도를 맞추었고, 자유 낙하하고 있는 C군에 대해 특수 상대성 이론이 성립되고 있기 때문에 C군의 시계의 진행 속도는 변하지 않는다(즉, 중력의 영향을 받지 않고 A 지점에 있을 때와 같은 속도로 가고 있다)는 것을 생각하면 중력 포텐셜이 낮은(중력의 근원에 가까운 ϕ_2) B양의 시계의 진행 속도는 중력 포텐셜이 높은(중력의 근

원에서 먼 ϕ_1) A양의 시계의 진행 속도보다 느려지게 됩니다.

즉, 중력 포텐셜이 낮은 곳일수록 시간의 진행 속도가 느려지는 것입니다.

여기서, 속도 v가 작다고 하면 뉴턴의 역학을 사용할 수 있습니다($x=v/c$라 하면 $x\ll1$이라는 것임).

그래서 A양이 있는 장소에서의 중력 포텐셜을 ϕ_1, B양이 있는 장소에서의 중력 포텐셜을 ϕ_2라 했을 때

$$\phi_1 > \phi_2$$

입니다.

뉴턴 역학의 '운동 에너지 보존의 법칙'에 따라

$$(\phi_1-\phi_2)m=\frac{1}{2}mv^2\ \text{이므로}$$

$$\phi_1-\phi_2=\frac{1}{2}v^2 \cdots\cdots\cdots\cdots\cdots\cdots\cdots\cdots\cdots\cdots\cdots (4)$$

입니다.

여기서 $x\ll1$인 경우 $(1+x)^\alpha \approx 1+\alpha x$라는 근사식을 사용합니다.

그런데 $x=v/c$이고 $x\ll1$이었으므로

$$\sqrt{1-\left(\frac{v}{c}\right)^2}=(1-x^2)^{\frac{1}{2}} \approx 1-\frac{1}{2}x^2=1-\frac{1}{2}\left(\frac{v}{c}\right)^2$$

이 됩니다. 이것을 식 (3)에 적용하면

$$\frac{\Delta\tau_2}{\Delta\tau_1}=\sqrt{1-\left(\frac{v}{c}\right)^2}\approx 1-\frac{1}{2}\left(\frac{v}{c}\right)^2 \cdots\cdots\cdots\cdots\cdots\cdots (5)$$

입니다. 여기서 식 (4)로부터

$$\frac{1}{2}v^2=\phi_1-\phi_2$$

를 식 (5)에 대입하면

$$\frac{\Delta\tau_2}{\Delta\tau_1}\approx 1-\frac{1}{2}\left(\frac{v}{c}\right)^2=1-\frac{\phi_1-\phi_2}{c^2} \cdots\cdots\cdots\cdots (6)$$

또한 위 식을 조금 변형하여

$$\frac{\phi_1 - \phi_2}{c^2} \approx 1 - \frac{\Delta\tau_2}{\Delta\tau_1} = \frac{\Delta\tau_1 - \Delta\tau_2}{\Delta\tau_1} \text{ 이므로}$$

$$\frac{\Delta\tau_1 - \Delta\tau_2}{\Delta\tau_1} \approx \frac{\phi_1 - \phi_2}{c^2} \quad \cdots\cdots\cdots\cdots\cdots\cdots\cdots\cdots\cdots\cdots\cdots (7)$$

가 됩니다.

즉, 중력 포텐셜과 시간이 느려지는 것의 관계는 식 (7)과 같이 됩니다.

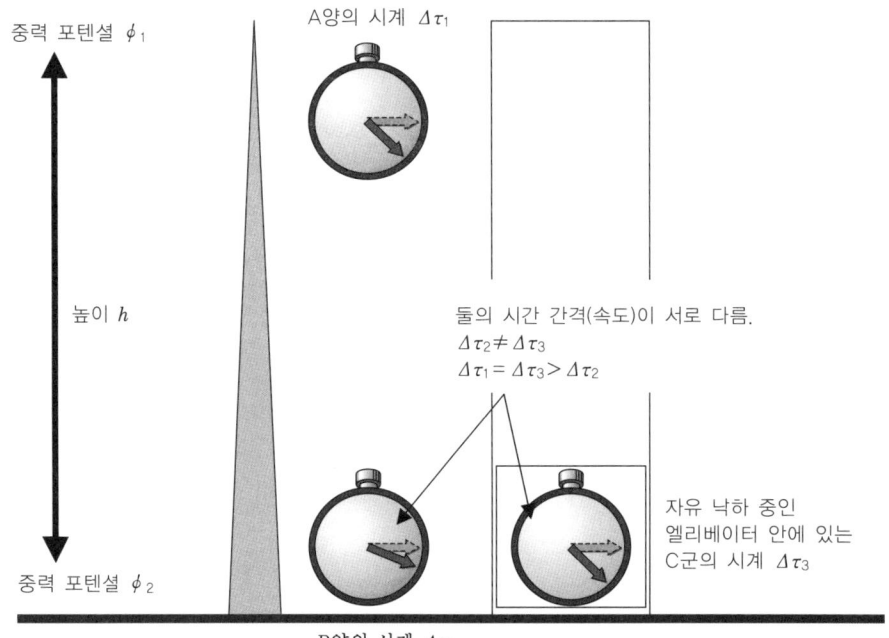

〈그림 4.3〉 지상에서 중력이 비교적 약한 상황

〈그림 4.3〉과 같이 지상에서 중력이 비교적 약한 상황을 생각합니다.

$\phi_2 = 0$이라 하면 ϕ_1까지의 높이는 h가 되며 지상 부근에서의 중력 가속도를 g라 하면 $\phi_1 = gh$와 $\phi_2 = 0$을 식 (7)에 대입하여

$$\frac{\Delta\tau_1 - \Delta\tau_2}{\Delta\tau_1} \approx \frac{\phi_1 - \phi_2}{c^2} = \frac{gh - 0}{c^2} = \frac{gh}{c^2}$$

가 됩니다.

즉, 위의 식과 같이 높은 곳의 시계가 조금 앞서 갑니다.

【일반 상대성 이론에서 중력의 정체】

만화에서 설명했듯이 질량이 있으면 주변의 시공이 왜곡되며, 시공이 왜곡되면 주변의 질량을 끌어들이는 중력과 같은 효과가 있음을 알 수 있습니다.

이 사실을 아인슈타인은 '아인슈타인의 중력 방정식'이라는 수식으로 정리했습니다.

아인슈타인의 중력 방정식은 그때까지 물체의 운동을 재기 위한 틀로 존재하고 있다고 생각한 시간과 공간(시공)이 물체 자체와 깊이 연결되어 있다는 것을 보여 준 것입니다.

【일반 상대성 이론에서 유도할 수 있는 현상】

일반 상대성 이론에서 유도할 수 있는 현상으로 다음을 소개합니다.

- 중력 렌즈 효과
- 수성의 근일점 이동
- 블랙홀

■ 대질량(예를 들어, 태양) 부근에서 빛의 휨(중력 렌즈 효과)

중력 렌즈 효과는 빛이 태양의 곁을 지날 때 진로가 휘는 현상입니다.

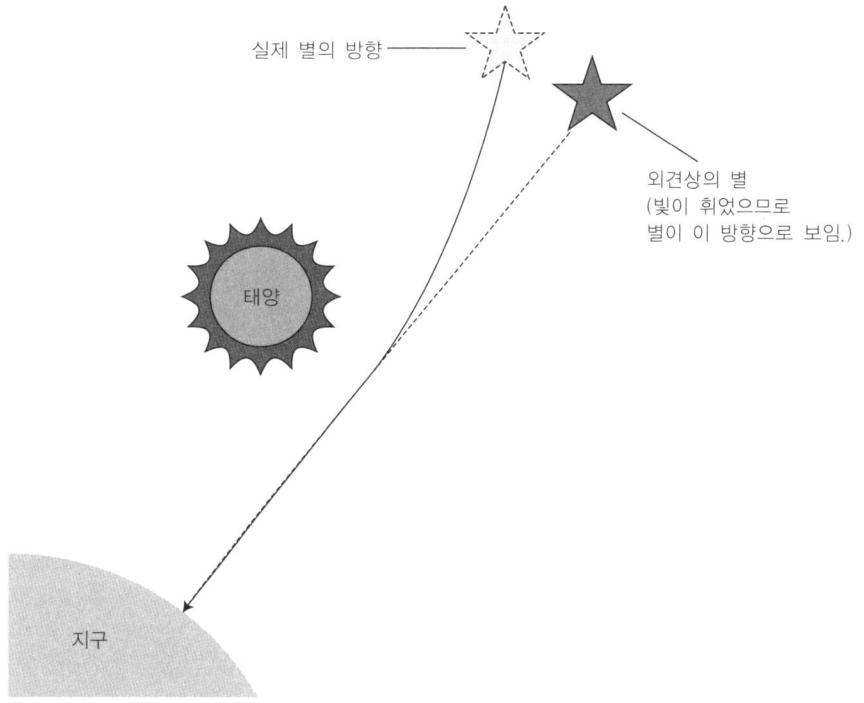

〈그림 4.4〉 대질량 부근에서 빛의 휨

〈그림 4.4〉와 같이 태양의 주변에는 태양의 큰 질량 때문에 공간이 휩니다. 그 휨에 따라 빛이 나아가므로 먼 별에서 빛이 휘어서 별의 방향이 조금 틀어져서 관찰됩니다. 이것은 개기 일식에서 확인되고 있으며, 일반 상대성 이론을 처음 검증한 것으로 유명합니다.

또한 〈그림 4.5〉와 같이 먼 은하 등에서 빛이 오는 경우 도중에 대질량의 물체(은하 등)가 있으면 그것이 먼 은하 등에서 오는 빛을 휘게 하여 마치 도중에 집광 렌즈가 있는 것처럼 먼 은하 등이 왜곡되어 많이 있는 것처럼 보이는 경우도 있습니다.

이것을 '중력 렌즈 효과'라 합니다.

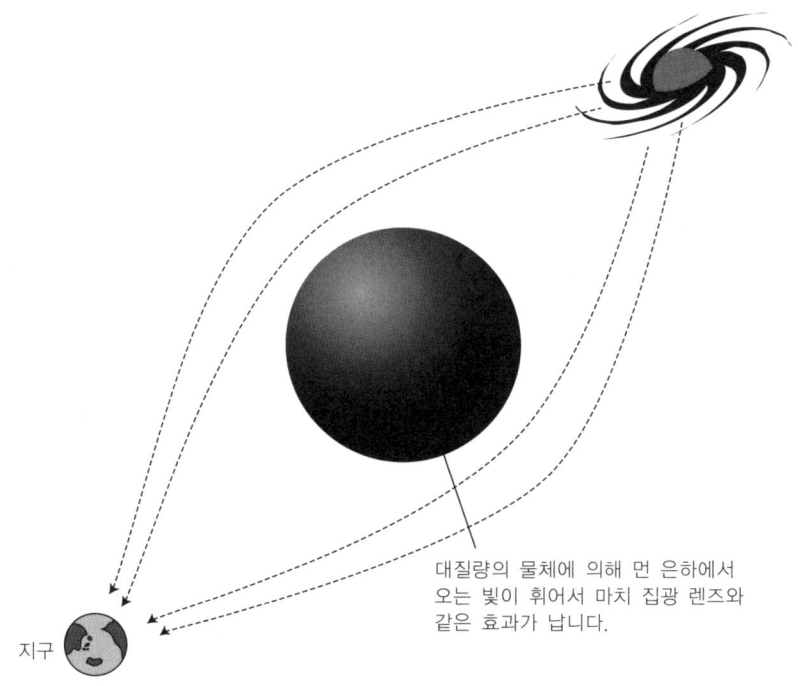

〈그림 4.5〉 중력 렌즈 효과

■ 수성의 근일점 이동

근일점이란 〈그림 4.6〉과 같이 혹성의 궤도 안에서 태양에 가장 가까운 점을 말합니다. 수성의 근일점이 이동하는 것은 예부터 알려져 왔습니다. 그 이동량은 100년에 각도로 약 574초만 회전하는 것입니다. 참고로 여기서 말하는 '초'는 시간의 단위가 아니라 각도의 단위입니다. 1도의 1/60이 1분이고 1분의 1/60이 1초입니다. 즉, 1초는 1/3,600도입니다. 100년에 각도로 574초만 회전하면 100년에 겨우 0.16도 정도 틀어진다는 것입니다.

그래서 뉴턴 역학을 사용하여 다른 혹성의 중력의 영향 등 그 원인을 다양하게 조사해 왔는데, 어떻게 해도 43초만큼을 설명할 수 없었습니다.

그러나 일반 상대성 이론을 사용하면 태양에 의한 시공의 왜곡을 계산하고 수성의 근일점 이동량을 조사하면 정확히 43초만큼 틀어지는 것을 알 수 있습니다.

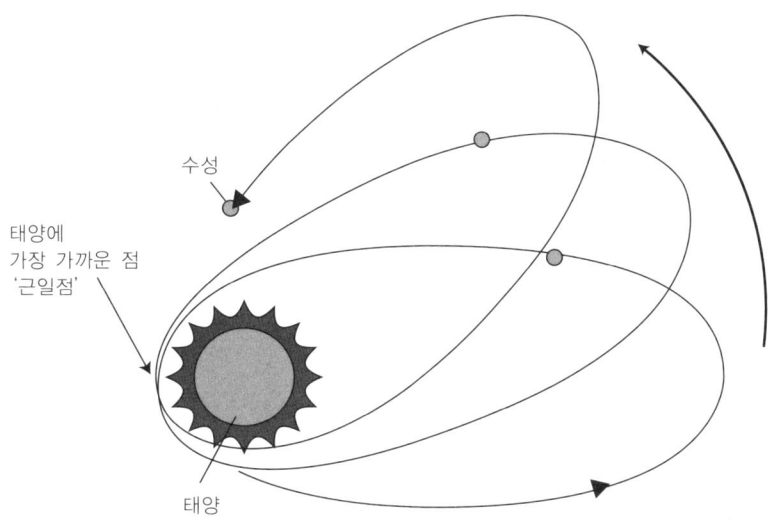

〈그림 4.6〉 수성의 근일점 이동 개략도

■ 블랙홀

블랙홀이란 질량이 대단히 집중되어 중력이 강해지고 빛까지도 밖으로 나오게 되는 것 같은 상태를 말합니다.

질량이 태양의 수 배인 별은 그 일생의 최후에 초신성 폭발을 일으킵니다.

그때 질량이 중심에 크게 집중되어 중력이 강해지는 영역이 생깁니다.

그곳에서는 중력이 너무 강하므로 빛조차 밖으로 나오지 않게 되는 경우가 있는데, 그것이 블랙홀입니다. 빛이 탈출할 수 없으므로 블랙홀을 직접 관찰할 수는 없습니다.

그러나 블랙홀 주변에 다른 별이 있으면 그 별에서 가스가 블랙홀에 유입되어 내려붙는 원반이 생깁니다. 그리고 그 내려붙은 원반에서 블랙홀 가스가 떨어져 들어갈 때 X선이나 감마선이 방사되는 것을 알 수 있습니다.

그리고 마침내 1971년에 백조 자리에 블랙홀의 후보가 발견되었습니다.

지금으로서는 은하계의 중심에도 초거대 블랙홀이 있는 것은 아닌가 하는 이야기가 있습니다.

【GPS와 상대성 이론】

GPS(Global Positioning System)는 지구를 도는 24기의 인공 위성을 사용하여 위치를 결정합니다.

그 위치 결정 방법은 이렇습니다. 어떤 위성이 전파의 발신 시각을 포함한 신호를 지상을 향해 발신합니다. 그 신호를 지상의 수신기(예를 들면, 자동차 네비게이션)가 수신합니다. 그때 신호의 전파는 광속(약 300,000,000m/s)으로 수신기에 도착합니다. 그리고 수신했을 때의 시각과 발신 시각을 비교하여 그 시간차에 광속을 곱하면 위성까지의 거리를 알 수 있습니다. 즉, 위성과 수신기의 거리가 20,000km 떨어져 있으면 20,000,000÷300,000,000=0.067초에 수신기에 전파가 도착합니다. 위성 3개에서의 전파를 사용해 이 계산을 수행하여 지상의 위치를 정확히 결정합니다.

그러나 그 시간차에 오차가 있으면 위성과 수신기의 거리에도 오차가 생깁니다. 예를 들어 위성의 발신 시각이 1마이크로($\mu=10^{-6}$)초 틀어지면 300,000,000m/s×0.000001s=300m와 같이 300m나 거리가 틀어집니다.

그런데 GPS 위성은 지구의 주변을 고도 20,000km의 궤도에서 약 12시간 만에 일주할 만큼 고속으로 돌고 있습니다. 그렇기 때문에 고속으로 이동함으로써 특수 상대성 이론의 효과로부터 하루당 7.1마이크로초만큼의 시간이 지연됩니다.

그러나 지표보다 높은 장소에 있으므로 식 (7)로 표현되는 일반 상대성 이론의 효과에 의해 지표의 시간보다 하루당 46.3마이크로초만큼 시간이 빨리 갑니다. 그 결과 하루당 39.2마이크로초만큼 시간을 지연시켜 GPS에서 시각을 발신하도록 되어 있습니다. 이와 같이 GPS는 특수와 일반의 두 가지 상대성 이론의 효과를 대단히 정밀하게 고려하여 설계되어 있습니다.

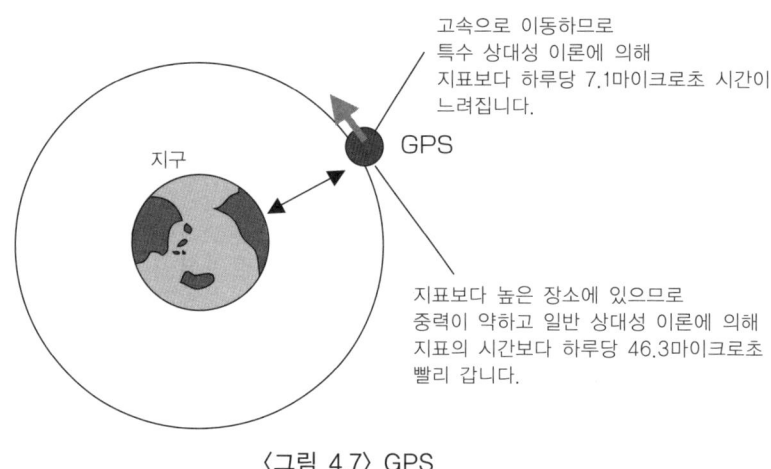

〈그림 4.7〉 GPS

찾아보기

ㄱ
갈릴레이 변환 56
갈릴레이의 상대성 원리 25, 27, 41, 56
관성계(慣性界) 26, 144
관성력(慣性力) 128, 129, 130
관성의 법칙 26
공간(空間) 45
광속(光速) 30, 31
광속도 일정의 원리 44, 51
광시계(光時計) 66
길이의 축소 98

ㄴ
뉴턴 역학 25, 30
뉴턴의 운동 방정식 103

ㄷ
동시성(同時性)의 불일치 52
등가 원리(等價原理) 128, 139

ㄹ
로렌츠 변환 57
로렌츠 수축 114

ㅁ
마이컬슨(Albert Abraham Michelson) ... 40
맞소멸 현상 111
맥스웰(James Clerk Maxwell) 32
맥스웰 방정식 32
몰리(Edward Williams Morley) 40
무게 102
무중력(無重力) 137, 140, 153

ㅂ
블랙홀(black hole) 173
빅뱅(big bang) 160

ㅅ
속도(速度) 45
속도의 덧셈 57
시간 45
시간의 느려짐 166
시공(時空) 45
쌍둥이의 패러독스 75

ㅇ
아인슈타인(Albert Einstein) 42
에너지 보존의 법칙 105

에너지와 질량의 관계 ……………………… 120
에테르(ether) ……………………………… 34, 35
에테르 바람 …………………………………… 39
우라시마 효과(浦島效果) ……………………… 62
우주론(宇宙論) ……………………………… 157
운동의 3법칙 ………………………………… 30
원심력(遠心力) ………………………… 135, 137
일반 상대성 이론(一般相對性理論) ………… 127

ㅈ

자유 낙하(自由落下) ………… 140, 142, 144, 145
전자파(電磁波) ……………………………… 34
절대 정지 공간(絶對停止空間) ……………… 34
좌표계(座標系) ……………………………… 36
중력(重力) ……………………… 128, 132, 150

중력 렌즈 효과 …………………………… 171
중력 포텐셜 ……………………………… 166
지피에스(GPS) …………………………… 174
질량(質量) ………………………………… 101
질량 보존의 법칙 ………………………… 105

ㅊ

최단 거리 ………………………………… 148

ㅌ

특수 상대성 원리(特殊相對性原理) …… 42, 56

ㅍ

프리드먼(Alexander Alexandrovich
  Friedman) …………………………… 158

ㅎ

허블 망원경 ……………………………… 158

〈저자 약력〉
Yamamoto Masafumi(山本 將史)
1984년 북해도대학 대학원 공학연구과 응용물리학
전공수료
현재　유한회사 야바(ヤーバ) 대표이사

〈주요 저서〉
「Excelで學ぶ 基礎物理學」(共著, オーム社)
「Excelで學ぶ 電磁氣學」(共著, オーム社)
「らくらく 圖解 光とレーザー」(共著, オーム社)
「Excelで學ぶ 物理シミュレーション 入門」(單著,オーム社)

〈감수자 약력〉
Nitta Hideo(新田 英雄)
1987년 조도전대학 대학원 이공학연구과 박사과정수료
전공　이론물리학, 물리교육
현재　동경학예대학 교육학 부교수, 이학박사

〈주요 저서〉
「物理と特殊關數-入門セミナー」(共立出版)
「Excelで學ぶ電磁氣學」(共著, オーム社)
「Excelで學ぶ量子力學」(共著, オーム社)
「マンガでわかる物理 力學編」(オーム社)

● 제작　　주식회사 TREND·PRO BOOKS-PLUS
　　　　　만화·일러스트를 사용한 각종 용구의 기획과 제작을 하는 1988년에 창업한 프로덕션. 일본 최대급의 실적을 과시하는 주식회사 'TREND·PRO'의 제작 노하우를 서적 제작에 적용시킨 서비스 브랜드. 'TREND·PRO BOOKS-PLUS'는 기획·편집·제작을 통틀어 행하는 업계 굴지의 프로페셔널 팀이다.
　　　　　http://www.books-plus.jp/

● 시나리오　　re_akino
● 그림　　　　Takatsu Keita(高津 ケイタ)
● DTP　　　　mackey soft 주식회사

만화로 쉽게 배우는 시리즈

만화로 쉽게 배우는 **통계학**

다카하시 신 지음
김선민 번역
224쪽 | 17,000원

만화로 쉽게 배우는 **회귀분석**

다카하시 신 지음
윤성철 번역
224쪽 | 16,000원

만화로 쉽게 배우는 **인자분석**

다카하시 신 지음
남경현 번역
248쪽 | 16,000원

만화로 쉽게 배우는 **베이즈 통계학**

다카하시 신 지음
정석오 감역 | 이영란 번역
232쪽 | 17,000원

만화로 쉽게 배우는 **보건통계학**

다큐 히로시, 코지마 다카야 지음
이정렬 감역 | 홍희정 번역
272쪽 | 17,000원

만화로 쉽게 배우는 **데이터베이스**

다카하시 마나 지음
홍희정 번역
260쪽 | 16,000원

만화로 쉽게 배우는 **허수·복소수**

오치 마사시 지음
강창수 번역
234쪽 | 16,000원

만화로 쉽게 배우는 **미분방정식**

사토 미노루 지음
박현미 번역
235쪽 | 16,000원

만화로 쉽게 배우는 **미분적분**

코지마 히로유키 지음
윤성철 번역
240쪽 | 17,000원

만화로 쉽게 배우는 **선형대수**

다카하시 신 지음
천기상 감역 | 김성훈 번역
296쪽 | 16,000원

만화로 쉽게 배우는 **푸리에 해석**

시부야 미치오 지음
홍희정 번역
256쪽 | 16,000원

만화로 쉽게 배우는 **물리[역학]**

이이다 요시카즈 지음
이춘우 감역 | 이창미 번역
224쪽 | 17,000원

만화로 쉽게 배우는 **물리**[빛·소리·파동]

닛타 히데오 지음
김선배 감역 | 김진미 번역
240쪽 | 15,000원

만화로 쉽게 배우는 **양자역학**

이사카와 켄지 지음
가와바타 키요시 감수 | 이희천 번역
256쪽 | 17,000원

만화로 쉽게 배우는 **상대성 이론**

야마모토 마사후미 지음
닛타 히데오 감역 | 이도희 번역
188쪽 | 17,000원

만화로 쉽게 배우는 **열역학**

하라다 토모히로 지음
이도희 번역
208쪽 | 16,000원

※정가는 변동될 수 있습니다.

만화로 쉽게 배우는 시리즈

만화로 쉽게 배우는 유체역학

다케이 마사히로 지음
김영탁 번역
200쪽 | 17,000원

만화로 쉽게 배우는 재료역학

스에마스 히로시, 나가시마 토시오 지음
김순채 감역 | 김소라 번역
240쪽 | 16,000원

만화로 쉽게 배우는 토질역학

카노 요스케 지음
권유동 감역 | 김영진 번역
284쪽 | 16,000원

만화로 쉽게 배우는 콘크리트

이시다 테츠야 지음
박정식 감역 | 김소라 번역
190쪽 | 16,000원

만화로 쉽게 배우는 측량학

쿠리하라 노리히코, 사토 야스오 지음
임진근 감역 | 이종원 번역
188쪽 | 16,000원

만화로 쉽게 배우는 전기수학

다나카 켄이치 지음
이태원 감역 | 김소라 번역
272쪽 | 17,000원

만화로 쉽게 배우는 전기

소노다 마사루 지음
주홍렬 감역 | 홍희정 번역
228쪽 | 16,000원

만화로 쉽게 배우는 전기회로

이이다 요시카즈 지음
손진근 감역 | 양나경 번역
240쪽 | 17,000원

만화로 쉽게 배우는 전자회로

다나카 켄이치 지음
손진근 감역 | 이도희 번역
184쪽 | 17,000원

만화로 쉽게 배우는 전자기학

엔도 마사모리 지음
신익호 감역 | 김소라 번역
264쪽 | 16,000원

만화로 쉽게 배우는 발전·송배전

후지타 고로 지음
오철균 감역 | 신미성 번역
232쪽 | 16,000원

만화로 쉽게 배우는 전기설비

이가라시 히로카즈 지음
고운채 번역
200쪽 | 16,000원

만화로 쉽게 배우는 시퀀스 제어

후지타키 카즈히로 지음
김원회 감역 | 이도희 번역
212쪽 | 17,000원

만화로 쉽게 배우는 모터

모로모토 마사유키 지음
신미성 번역
200쪽 | 17,000원

만화로 쉽게 배우는 디지털 회로

아마노 히데하루 지음
신미성 번역
224쪽 | 14,500원

만화로 쉽게 배우는 전지

후지타키 카즈히로, 사토 유이치 지음
김광호 감역 | 김필호 번역
200쪽 | 16,000원

※정가는 변동될 수 있습니다.

만화로 쉽게 배우는 시리즈

만화로 쉽게 배우는 **반도체**

시부야 미치오 지음
강창수 번역
196쪽 | 17,000원

만화로 쉽게 배우는 **CPU**

시부야 미치오 지음
최수진 번역
260쪽 | 17,000원

만화로 쉽게 배우는 **암호**

미타니 마사아키, 사토 신이치 지음
이민섭 감역 | 박인용, 이재원 번역
240쪽 | 17,000원

만화로 쉽게 배우는 **머신러닝**

아라키 마사히로 지음
이강덕 감역 | 김정아 번역
216쪽 | 15,000원

만화로 쉽게 배우는 **유기화학**

하세가와 토시오 지음
신미성 번역
208쪽 | 17,000원

만화로 쉽게 배우는 **생화학**

다케무라 마사하루 지음
오현선 감역 | 김성훈 번역
272쪽 | 17,000원

만화로 쉽게 배우는 **분자생물학**

다케무라 마사하루 지음
조현수 감역 | 박인용 번역
244쪽 | 17,000원

만화로 쉽게 배우는 **면역학**

가와모토 히로시 지음
임용 감역 | 김선숙 번역
272쪽 | 17,000원

만화로 쉽게 배우는 **기초생리학**

다나카 에츠로 지음
김소라 번역
232쪽 | 17,000원

만화로 쉽게 배우는 **영양학**

소노다 마사루 지음
한규상 감역 | 신미성 번역
212쪽 | 17,000원

만화로 쉽게 배우는 **약리학**

에다가와 요시쿠니 지음
김영진 번역
240쪽 | 17,000원

만화로 쉽게 배우는 **프로젝트 매니지먼트**

히로카네 오사무 지음
김소라 번역
208쪽 | 17,000원

만화로 쉽게 배우는 **사회학**

구리타 노부요시 지음
이태원 번역
218쪽 | 16,000원

만화로 쉽게 배우는 **우주**

이시카와 켄지 지음
양나경 번역
248쪽 | 16,000원

만화로 쉽게 배우는 **기술영어**

사카모토 마키 지음
박조환 감역 | 김선숙 번역
240쪽 | 16,000원

만화로 쉽게 배우는 **전파와 레이더**

나카쓰카 고우키 지음
구기준 감역 | 김필호 번역
224쪽 | 14,800원

※정가는 변동될 수 있습니다.

만화로 쉽게 배우는
상대성 이론
원제 : マンガでわかる 相對性理論

2009. 10. 30. 초 판 1쇄 발행
2014. 4. 25. 초 판 2쇄 발행
2019. 11. 5. 초 판 3쇄 발행

지은이 | 야마모토 마사후미(山本 將史)
그 림 | 다카츠 케이타(高津 ケイタ)
감 수 | 닛타 히데오(新田 英雄)
역 자 | 이도희
제 작 | TREND · PRO BOOKS-PLUS
펴낸이 | 이종춘
펴낸곳 | BM (주)도서출판 성안당

주소 | 04032 서울시 마포구 양화로 127 첨단빌딩 3층(출판기획 R&D 센터)
     | 10881 경기도 파주시 문발로 112 출판문화정보산업단지(제작 및 물류)
전화 | 02) 3142-0036
     | 031) 950-6300
팩스 | 031) 955-0510
등록 | 1973. 2. 1. 제406-2005-000046호
출판사 홈페이지 | www.cyber.co.kr
ISBN | 978-89-315-8853-8 (17420)
정가 | 17,000원

이 책을 만든 사람들
책임 | 최옥현
진행 | 김해영
전산편집 | 김인환
표지 디자인 | 박원석
홍보 | 김계향
국제부 | 이선민, 조혜란, 김혜숙
마케팅 | 구본철, 차정욱, 나진호, 이동후, 강호묵
제작 | 김유석

이 책은 Ohmsha와 BM (주)도서출판 성안당의 저작권 협약에 의해 공동 출판된 서적으로, BM (주)도서출판 성안당 발행인의 서면 동의 없이는 이 책의 어느 부분도 재제본하거나 재생 시스템을 사용한 복제, 보관, 전기적·기계적 복사, DTP의 도움, 녹음 또는 향후 개발될 어떠한 복제 매체를 통해서도 전용할 수 없습니다.

■ 도서 A/S 안내

성안당에서 발행하는 모든 도서는 저자와 출판사, 그리고 독자가 함께 만들어 나갑니다.
좋은 책을 펴내기 위해 많은 노력을 기울이고 있습니다. 혹시라도 내용상의 오류나 오탈자 등이 발견되면 **"좋은 책은 나라의 보배"**로서 우리 모두가 함께 만들어 간다는 마음으로 연락주시기 바랍니다. 수정 보완하여 더 나은 책이 되도록 최선을 다하겠습니다.
성안당은 늘 독자 여러분들의 소중한 의견을 기다리고 있습니다. 좋은 의견을 보내주시는 분께는 성안당 쇼핑몰의 포인트(3,000포인트)를 적립해 드립니다.

잘못 만들어진 책이나 부록 등이 파손된 경우에는 교환해 드립니다.

Theory of relativity
— 만화로 쉽게 배우는 상대성 이론 —